AF589459

Mekanikerord på fem språk

Norsk, engelsk, nordsamisk, svensk og finsk

Petter Reinholdtsen
Oslo

Utgiver og teknisk redaktør: Petter Reinholdtsen.

Databaseredaktør: Svein Lund.

ISBN 978-82-93828-12-9 (innbundet) og 978-82-93828-13-6 (epub).

Dewey 423 439.7 439.8 494.5754 620.003 621.039

http://www.hungry.com/~pere/publisher/.

Denne boken er basert på en database med grunnlagsdata fra terminologiarbeid som ble gjort i første halvdel av 1990-tallet av redaktør Svein Lund og flere samarbeidspartere, organisert og finansiert fra Samisk videregående skole og reindriftsskole. Databasen var kilden til ordboken «Mekanihkkársánit : Mekanikerord = Mekaanisen alan sanasto = Mechanic's words» (ISBN 82-7954-042-3, 1999). Sametinget og Svein Lund har gitt Petter Reinholdtsen tillatelse til å gi ut materialet med Creative Commons-lisensen CC-BY 4.0.

Kjøp både papirutgave og e-bok direkte fra https://lulu.com/.

https://gitlab.com/petterreinholdtsen/mekanikerord

Denne boken inneholder rundt 1200 oppslagsord med forklaring på norsk og tilsvarende ord på andre språk. I PDF og papirutgave kan alle språkenes ord slås opp i registeret for å finne aktuelt oppslagsord.

Ordene på ulike språk er markert med språkkoder i tråd med ISO-639-1: (en) Engelsk, (nb) Bokmål, (nn) Nynorsk, (se) Nordsamisk, (sv) Svensk og (fi) Finsk.

Boken er basert på en Filemaker Pro-database med grunnlagsdata fra ordinnsamling og terminologiarbeid som ble gjort i første halvdel av 1990-tallet. Dette arbeidet ble organisert fra Samisk videregående skole og reindriftsskole og finansiert av denne skolen, samt Samisk utdanningsråd, Nordisk kulturråd og Letterstedtska föreningen. Databasen ble brukt til å lage ordboken «Mekanihkkársánit : Mekanikerord = Mekaanisen alan sanasto = Mechanic's words» gitt ut i 1999 av Samisk utdanningsråd. Redaktør for databasen og boken var Svein Lund, som forteller at øvrige bidragsytere var Aimo Aikio, Lars Erik Bønå, Nils Øivind Helander, Klemet I. Hætta, Nils Morten Hætta, Biret Kallio, Øyvind Moeng, Rolf Olsen, Aage Olsen, Anders Oskal, Inger-marie Oskal, Arne Johan Turi, Mai Britt Utsi, Niilo Vuomajoki og Per Aarseth.

Ordliste

absorbere

absorb (en) absorberet (se) absorbera (sv) absorboida (fi)

(nb): ta opp i seg, suge opp (om gass, væske, lys, energi)

acetylen

acetylene (en) acetylena (se) acetylen (sv) asetyleeni (fi)

(nb): C_2H_2, gass som brukes til sveising

adapter

adapter, adaptor (en) adapter, lihttu (se) adapter (sv) adapteri, liitin (fi)

(nb): tilpasnings- eller overgangsstykke

adusering

tempering (en) aduseren (se) aducering (sv) adusointi (fi)

(nb): prosess der karbonflak i støypejern får kuleform, slik at jernet blir seigare

aduserjern

malleable cast iron (en) aduserruovdi (se) aducerjärn (sv) adusoitu valurauta (fi)

(nb): smibart støypejern der karbonet har kuleform

aggregat

aggregate (en) aggregáhta (se) aggregat (sv) agregaatti (fi)

(nb): enhet satt sammen av maskiner eller komponenter

akkumulator

accumulator (en) akkumuláhtor (se) ackumulator (sv) akku, akkumulaattori (fi)

(nb): opp- og utladningsbar anordning for energilagring

aksel, aksling

shaft, axle (en) áksil (se) axel (sv) akseli (fi)

(nb): sylindrisk stang som bærer maskindeler, overfører kraft eller bevegelse

akseltapp

shaft journal, shaft extension (en) aksilculci, aksildáhppa (se) axeltapp (sv) akselitappi (fi)

(nb): akselende som bæres av eller bærer et lager

aksiallager

thrust bearing (en) aksiálláger (se) axiallager, trycklager (sv) aksiaalilaakeri, päittäislaakeri (fi)

(nb): lager for opptak av krefter i en eller begge retninger langs akslingen.

aksiell

axial (en) aksiála (se) axial, axiell (sv) aksiaalinen (fi)

(nb): som virkar i akslingen si lengderetning

aksling

Se «aksel, aksling».

albue[nb], olboge[nn], rørkne

elbow, elbow bend (en) gardnjil (se) rörkrök (sv) putken mutka (fi)

(nb): rørdel nytta til å endre retninga til rør med 90°

ambolt

anvil, stake (en) stáđđi (se) städ (sv) alasin (fi)

(nb): smedreidskap av stål til underlag for hamring

analog

analogous, analogic (en) analogalaš, analoga (se) analog (sv) analoginen (fi)

(nb): som måler trinnlaust, for eksempel med visar

anker

Se «rotor, anker».

anlegg

plant, construction works (en) ráhkadus (se) anläggning, byggnadsverk (sv) rakennus, työmaa (fi)

(nb): noko som er bygd, reist, sett opp eller er under bygging, stad der det blir bygd

anlegg

support (en) stealli (se) stöd (sv) tuki (fi)

(nb): underlag, støtte for eksempel på slipemaskin

anleggsmaskin

construction machine (en) ráhkadusmašiidna (se) anläggningsmaskin (sv) työkone (fi)

(nb): maskin brukt til anleggsarbeid, for eksempel gravemaskin

anløpe

anneal (en) devkkodahttit (se) anlöpa (sv) päästää (fi)

(nb): varmebehandle etter herding for å redusere hardhet og sprøhet

anløping

annealing (en) devkkodahttin (se) anlöpning (sv) päästö, päästäminen (fi)

(nb): varmebehandling etter herding for å redusere hardhet og sprøhet

anrike[nb], opprike[nn]

enrich, dress, concentrate (en) riggudit (se) anrika (sv) rikastaa (fi)

(nb): skille malm frå gråberg

anriking[nb], oppriking[nn]

enrichment, dressing, concentration (en) riggudeapmi (se) anrikning (sv) rikastaminen, rikastus (fi)

(nb): det å skille malm frå gråberg

ansatsfil

flat file, blunt file, safe-edge file (en) steallefiilu (se) ansatsfil (sv) lattaviila (fi)

(nb): fil med parallelle sider og rektangulært tverrsnitt, ei av sidene uten tenner

ansats, krage

shoulder, collar, lug (en) stealli (se) ansats (sv) olake, ulkonema (fi)

(nb): utstående parti på røreller maskindel; kant, rand, framspring på verktøy

ansatsnippel

hexagon nipple (en) steallenihppel (se) sexkantnippel (sv) kaksoisnippa (fi)

(nb): rørdel med utvendige gjenger og en mellomliggende fast krage (brystning)

ansatsvinkel

Se «anslagsvinkel, ansatsvinkel, vinkelhake».

anslagsvinkel, ansatsvinkel, vinkelhake

square, try square, joint hook (en) stealleviŋkil, steallečiehka (se) vinkelhake (sv) kulmaviivain, suorakulmain (fi)

(nb): vinkel av to ujamnlange bein som står vinkelrett på kvarandre, den eine med støttekant

apparat

apparatus, device (en) apparáhta, rusttet (se) apparat (sv) laite, koje (fi)

(nb): reiskap eller instrument til teknisk eller vitskapelig bruk; maskindel som har ei særskild oppgåve

arbeidsmaskin

working machine (en) bargomašiidna (se) arbetsmaskin (sv) työkone (fi)

(nb): maskin som utfører mekanisk arbeid ved hjelp av tilført energi

arbeidsmiljø

working environment (en) bargobiras (se) arbetsmiljö (sv) työympäristö (fi)

(nb): sammenfatning av de biologiske, medisinske, fysiologiske, psykologiske, sosiale og tekniske faktorer som i arbeidssituasjonen påvirker individet

arbeidsmonn, bearbeidingsmonn, -monn

working margin, machining allowance (en) bargomunni (se) bearbetningstillägg, arbetsmån (sv) työvara (fi)

(nb): godstillegg med hensyn til fortsatt bearbeiding; materiale mellom målet ved grovbearbeiding og det endelige målet

arbeidsslag, arbeidstakt

power stroke, working stroke (en) bargodákta (se) arbetstakt (sv) työtahti (fi)

(nb): stempelets bevegelse når det egentlige arbeid blir utført

arbeidsstykke

workpiece (en) bargoávnnas, ávnnastat (se) arbetsstycke (sv) työkappale (fi)

(nb): emne som ein arbeider på eller skal lage noko av

arbeidstakt

Se «arbeidsslag, arbeidstakt».

armatur

fittings, armature, fixture (en) armatuvra (se) armatur (sv) armatuuri, varuste (fi)

(nb): utbyttbart utstyr til røranlegg eller elektrisk anlegg

armering

armouring, reinforcing (en) nannen, nanosmahtti (se) armering (sv) vahvike (fi)

(nb): forsterkande innlegg i anna materiale

armeringsstål, kamstål

reinforcement steel (en) nannenstálli, nanosmahttinstálli (se) armeringsstål (sv) betoniteräs (fi)

(nb): stål som er spesielt framstilt til armering av betong

asynkron

asynchronous (en) asynkruvnnalaš (se) asynkron (sv) asynkroninen, tahdistamaton (fi)

(nb): som ikke har samme frekvens

asynkronmotor

asynchronous motor (en) asynkronmohtor (se) asynkronmotor (sv) epätahtimoottori, asynkroninen moottori (fi)

(nb): vekselstraumsmotor der turtallet ikkje samsvarar med periodetalet for straumen

augebolt[nn]

Se «øyebolt[nb], augebolt[nn]».

automasjon

Se «automatisering, automasjon».

automat

automaton (en) automáhta (se) automat (sv) automaatti (fi)

(nb): apparat med ein mekanisme som gjør at han når han blir sett i funksjon rører seg av seg sjølv

automatisering, automasjon

automatization, automation (en) automatiseren, automašuvdna (se) automatisering, automation (sv) automaatio (fi)

(nb): endring av en prosess til å fungere automatisk

automatisk

automatic (en) automáhtalaš (se) automatisk (sv) automaattinen (fi)

(nb): som når han blir sett i funksjon rører seg av seg sjølv

automatstål

free cutting steel, free machining steel (en) automáhtastálli (se) automatstål (sv) automaattiteräs (fi)

(nb): ulegert konstruksjonsstål spesielt eigna for sponskjærande bearbeiding

avbalansere, stabilisere

balance, counterbalance (en) dásset (se) utbalancera,stabilisera (sv) tasapainottaa (fi)

(nb): endre vektfordeling på roterende gjenstand slik at den blir i balanse; få noe til bli stabilt, i likevekt

avbitartong[nn]

Se «avbitertang[nb], avbitartong[nn]».

avbitertang[nb], avbitartong[nn]

cutting pliers (en) cikcenbasttat, botkenbasttat (se) avbitartång (sv) leikkurit, leikkuripihdit (fi)

(nb): tang for kutting av metalltråd

avbrytar-[nn]

Se «platinastift, stift, avbryterkontakt[nb], avbrytar-[nn]».

avbryterkontakt[nb]

Se «platinastift, stift, avbryterkontakt[nb], avbrytar-[nn]».

avdragar[nn]

Se «avtrekker[nb], avtrekkjar[nn], ters, avdrager[nb], avdragar[nn]».

avdrager[nb]

Se «avtrekker[nb], avtrekkjar[nn], ters, avdrager[nb], avdragar[nn]».

avgass

Se «eksos, avgass».

avgassanalysator, avgassmåler[nb], eksosmåler[nb], avgassmålar[nn], eksosmålar[nn]

exhaust analyzer (en) bázahasmihtádas, eksosmihtádas (se) avgasmätare (sv) pakokaasumittari (fi)

(nb): måler for å måle skadelige gasser i eksos

avgassanlegg

Se «eksosanlegg, avgassanlegg».

avgassmålar[nn]

Se «avgassanalysator, avgassmåler[nb], eksosmåler[nb], avgassmålar[nn], eksosmålar[nn]».

avgassmåler[nb]

Se «avgassanalysator, avgassmåler[nb], eksosmåler[nb], avgassmålar[nn], eksosmålar[nn]».

avisoleringstang[nb], avisoleringstong[nn]

stripping pliers (en) garahanbasttat (se) skaltång (sv) kuorintapihdit (fi)

(nb): tang for å fjerne isolasjon frå elektriske leidningar

avisoleringstong[nn]

Se «avisoleringstang[nb], avisoleringstong[nn]».

avlufting

air bleeding, deaeration, air venting (en) áibmosirren (se) avluftning (sv) ilmanpoisto (fi)

(nb): fjerning av luft fra damp- eller vannfylte systemer; bortleding av innesluttet luft og annen gass gjennom luftekanaler i former eller maskiner

avløp

outlet, drain (en) luoitahat, njielahat (se) avlopp, utlopp (sv) viemäri (fi)

(nb): stad / anlegg der væske har høve til å renne bort

avløpsrør, kloakkrør

drain pipe, outlet tube, sewer pipe (en) duolvačáhcebohcci (se) avloppsrör (sv) viemäriputki (fi)

(nb): rør for transport av avløpsvatn

avrettar[nn]

Se «avretter[nb], avrettar[nn]».

avretter[nb], avrettar[nn]

planing tool, dresser (en) njulggonas (se) skärpverktyg, avrivare (sv) teroituslaite, oikaisulaite (fi)

(nb): verktøy for å rette av slipeskive

avstikking

cutting off (en) čuggen, gaskatčuohppan (se) avstickning (sv) katkaisu, leikkuu, leikkaaminen (fi)

(nb): det å skjære et arbeidsstykke tvert av i dreiebenk med stikkstål

avsug, avtrekk

flue, outlet, vent pipe, hood (en) njaman, geson (se) avsugning (sv) poistoimuri (fi)

(nb): utstyr for å trekke/ suge bort luft eller gass

avtappingsplugg, dreneringsplugg

drain plug (en) gurrenculci (se) avtappningsplugg (sv) tyhjennystulppa (fi)

(nb): plugg i botn på eit kar for å tappe ut væske

avtrekk

Se «avsug, avtrekk».

avtrekker[nb], avtrekkjar[nn], ters, avdrager[nb], avdragar[nn]

puller, wheel puller (en) geasán (se) avdragare (sv) ulosvedin, irrotin (fi)

(nb): verktøy til å trekke av maskindeler fra aksling eller ut av boring

avtrekkjar[nn]

Se «avtrekker[nb], avtrekkjar[nn], ters, avdrager[nb], avdragar[nn]».

avvik

deviation, divergence (en) gáidu (se) avvikelse (sv) poikkema (fi)

(nb): differansen mellom ein verdi (mål) og ein referanseverdi (basismål)

bakaksel

rear axle (en) maŋŋeáksil (se) bakaxel (sv) taka-akseli (fi)

(nb): aksel mellom bakhjula på eit kjøretøy

bakdokke, pinoldokke

tail stock (en) geahčedoalan (se) dubbdocka, pinoldocka (sv) kärkipylkkä (fi)

(nb): del av dreiebenk som ein kan skyve etter vangen og feste der, støtte arbeidsstykket med under dreiing eller mating bor med

bakhjul

rear wheel (en) maŋŋejuvla (se) bakhjul (sv) takapyörä (fi)

(nb): hjul lagra på bakakselen på eit kjøretøy

bakke

jaw, die (en) oalul (se) back (sv) kiinnitysleuka (fi)

(nb): klemstykke eller del av oppspenningverktøy; arbeidande del i gjengeskjæringsverktøy

bakkskive

jaw chuck (en) oalulgiddehat (se) backskiva (sv) leukaistukka (fi)

(nb): oppspenningsverktøy for dreibenk med uavhengige bakkar

bakslag

Se «tilbakeslag, bakslag».

balanse, likevekt, jamvekt

balance (en) dássádat (se) balans (sv) tasapaino (fi)

(nb): tilstand der kraftmoment om ein akse er like store

bananplugg, bananstikker

banana plug (en) bananbunci (se) banankontakt (sv) banaanipistoke (fi)

(nb): stikkplugg med fjørande metallstrimlar, brukt i svakstraumsteknikken

bananstikker

Se «bananplugg, bananstikker».

bandmål

Se «måleband, bandmål».

bandsag

band saw (en) báddesahá (se) bandsåg (sv) vannesaha (fi)

(nb): sag der sagbladet er endelaust og går over to skiver

bankefasthet[nb], bankefastleik[nn]

anti-knock value (en) dearpannanosvuohta (se) knackningsbeständighet (sv) nakutuksenkestävyys (fi)

(nb): en bensins evne til å forbrenne jevnt i en motor uten banking, uttrykkes i oktantall

bankefastleik[nn]

Se «bankefasthet[nb], bankefastleik[nn]».

barre

ingot, bar (en) bárra (se) tacka (sv) harkko (fi)

(nb): massivt støpt metallstykke

basismål

modular measure, starting point (en) vuođđomihttu (se) basmått (sv) perusmitta (fi)

(nb): utgangspunkt for tilvirkningsmål og tilvirkningstoleranse

batteri

battery (en) báhtter, batteriija (se) batteri, ackumulator (sv) akku, paristo (fi)

(nb): gruppe av samankopla galvaniske element som formar om kjemisk energi til elektrisk straum

batteriladar[nn]

Se «batterilader[nb], batteriladar[nn]».

batterilader[nb], batteriladar[nn]

battery charger (en) báhtergealddán (se) batteriladdare (sv) akkulaturi (fi)

(nb): eit apparat som er direkte kopla til lysnettet og brukes til å lade batteri

baufil, skjærfil[nb], skjerfil[nn], buesag[nb], bogesag[nn]

hack saw, bow saw (en) dávgesahá, ruovdesahá (se) bågfil, bågsåg (sv) rautasaha, kaarisaha (fi)

(nb): handsag med ramme og smalt sagblad som kan skiftas ut, brukas til å skjære metall

bearbeide[nb], tilarbeide[nn]

prepare, process, treat (en) gieđahallat, ávdnet (se) bearbeta (sv) työstää, valmistaa (fi)

(nb): endre formen på eit arbeidsstykke, fjerne eller legge til materiale eller endre eigenskapane til materialet

bearbeiding[nb], tilarbeiding[nn]

finishing, machining (en) gieđahallan, ávdnen (se) bearbetning (sv) työstö (fi)

(nb): endring av formen på eit arbeidsstykke, fjerning av materiale frå det eller endring av eigenskapane til materialet

bearbeidingsmonn

Se «arbeidsmonn, bearbeidingsmonn, -monn».

bedrift, foretak[nb], føretak[nn]

manufacturing plant, works, company (en) fitnodat (se) företag (sv) yritys (fi)

(nb): eining i næringslivet med produksjonsutstyr, bygningar m.m. som høyrer til

behaldar[nn]

Se «beholder[nb], behaldar[nn], tank».

beholder[nb], behaldar[nn], tank

container, bin, reservoir, tank (en) tánka, lihtti, stámpa (se) tank, behållare (sv) säiliö (fi)

(nb): lukka kjerald, kanne eller lignende til å ha væske eller gass i

belaste

load (en) noađuhit, guorbmádit (se) belasta (sv) kuormittaa (fi)

(nb): tynge, presse, utsette for krefter eller forbruk av elektrisitet

belastning

load (en) noađuheapmi, guorbmádeapmi (se) belastning (sv) kuormitus (fi)

(nb): effekt som ein maskin eller ein straumkrins blir belasta med

belegg

coat, coating, facing, lining, surfacing (en) gokčangeardi (se) beläggning (sv) pinnoite (fi)

(nb): dekkende lag av annet materiale for beskyttelse eller pynt, eller som resultat av kjemisk reaksjon

belg, blåsebelg

bellows (en) vuossu (se) bälg (sv) palje (fi)

(nb): reidskap til å puste liv i varme med

beliggenhet[nb], posisjon[nn]

situation, site, location (en) sajádat (se) läge (sv) sijainti, paikka, asento (fi)

(nb): plassering i forhold til oppgitte koordinater

belte

belt, track (en) boagán (se) larvband, matta (sv) tela, telamatto (fi)

(nb): framdriftsredskap for terrengkjøring og for arbeidsmaskiner, vanligvis av armert gummi eller stålledd

beltemotorsykkel

Se «snøskuter, beltemotorsykkel».

belysning, illuminans

illuminance (en) čuvgehus (se) belysningsstyrka, illuminans (sv) valaisu, valaistusvoimakkuus (fi)

(nb): lysmengde som pr. tids- og flateeining fell inn mot ei flate

bend

bend, elbow, angle, knee (en) sodju (se) knärör (sv) käyrä (fi)

(nb): rørdel med bøy på

bensin

gasoline, petrol, benzine (en) bensiidna (se) bensin (sv) bensiini (fi)

(nb): destillat av jordolje som bl.a. brukes til drivstoff i forbrenningsmotorer, kokepunkt 20-240°C

bensinmotor

petrol engine, gasoline motor (en) bensinmohtor (se) bensinmotor (sv) bensiinimoottori (fi)

(nb): forbrenningsmotor drevet med bensin, tenning med tennplugger

bereevne[nn]

Se «bæreevne[nb], bereevne[nn]».

beslag, panel

fittings, mountings, armature, garniture (en) skoađas (se) beslag (sv) hela, heloitus, raudoitus (fi)

(nb): metallstykke som er festa på noko til vern, styrking eller pynt

betong

concrete (en) betoŋga (se) betong (sv) betoni (fi)

(nb): herda blanding av sement, vatn og tilslag

bevegelse[nb], rørsle[nn]

motion, movement (en) johtu, lihkadeapmi (se) rörelse (sv) liike (fi)

(nb): det å røre, lee eller flytte seg; verksemd, gang, aktivitet

biegg

secondary edge, minor cutting edge (en) oalgeávju (se) biskäregg, biegg (sv) sivusärmä (fi)

(nb): skjærande egg som ikkje er hovudegg

bil

car, motor-car (en) biila (se) bil (sv) auto (fi)

(nb): motorkjøretøy med 3 eller fleire hjul

bildeleser[nb], biletlesar[nn], skanner

scanner (en) govvalohkki (se) avsökare, scanner (sv) kuvanlukija (fi)

(nb): reiskap som ein kan lese bilete inn til minnet på ein datamaskin med

biletlesar[nn]

Se «bildeleser[nb], biletlesar[nn], skanner».

bindemiddel

binding agent, adhesive, agglutinant (en) čatnanávnnas (se) bindemedel (sv) sideaine, sidosaine (fi)

(nb): emne til å binde, feste eller halde saman med; materiale som held slipekorna saman i ei slipeskive

binær

binary (en) binára (se) binär (sv) binaarinen (fi)

(nb): som bygger på totallssystemet

biprodukt, sideprodukt

by-product (en) liigebuvtta (se) biprodukt (sv) sivutuote (fi)

(nb): produkt av stoff som skilles ut i produksjonen av eit hovudprodukt

bit

bit (en) bihttá (se) bit (sv) bitti (fi)

(nb): eining for data: verdien av ein bit er ein eller null

bjelke

beam, balk (en) bielká (se) balk (sv) palkki (fi)

(nb): berande rett konstruksjonsdel av tre, jern eller betong

bladfjær[nb], bladfjør[nn]

leaf spring, plate spring (en) duolbadávgi (se) bladfjäder (sv) lehtijousi (fi) (nb): fjær av et eller flere stålblad

bladfjør[nn]

Se «bladfjær[nb], bladfjør[nn]».

bladsøker[nb], søkjar[nn]

feeler gauge (en) goavkedulka (se) bladmått, slitsmått (sv) rakomitta, rakotulkki (fi)

(nb): måleverktøy med tynne stålblad av forskjellig tjukkleik for å kontrollere / justere storleiken på ein opning

blandebatteri

mixing battery, mixer tap, mixing cock (en) seaguhanhátna (se) blandare (sv) sekoitin (fi)

(nb): tappearmatur av to ventilar for varmt og kaldt vatn med felles utløp

blandekammer

mixing chamber (en) seaguhangámmár (se) blandningskammare (sv) sekoituskammio (fi)

(nb): kammer for blanding av to eller flere gass- eller væskestrømmer

blandingsforhold

proportion of ingredients, ratio of mixture (en) seaguhusgorri (se) blandningsförhållande (sv) seossuhde (fi)

(nb): forholdet mellom stoffene i en gass- eller væskeblanding

blekk[nn]

Se «blikk[nb], blekk[nn]».

blekksaks[nn]

Se «blikksaks[nb], blekksaks[nn]».

blekkslagar[nn]

Se «blikkenslager[nb], blekkslagar[nn]».

blikkenslager[nb], blekkslagar[nn]

tinsmith, tinman (en) bellečeahppi, bellerávdi, spelle- (se) bleckslagare, plåtslagare (sv) levyseppä, peltiseppä (fi)

(nb): fagarbeidar som arbeider med tynne metallplater

blikk[nb], blekk[nn]

sheet metal, tin plate (en) belle, spelle (se) bleck, plåt (sv) pelti (fi)

(nb): tynnvalsa metallplate

blikksaks[nb], blekksaks[nn]

tin shears, tinsnips (en) belleskárrit, -skierat, spelle- (se) plåtsax, blecksax (sv) peltisakset, levysakset (fi)

(nb): handsaks for å klippe tynne metallplater

blindnagle

Se «popnagle, blindnagle».

blinklys, retningslys

intermittent light (en) ravkečuovga (se) körriktningsvisare, blinker, blinkljus (sv) vilkkuvalo (fi)

(nb): lys på kjøretøy for å vise retningen ein vil svinge

blinklys, varsellys

flash light (en) šleađggočuovga (se) blinkers (sv) vilkkuvalo (fi)

(nb): blinkande, roterande varsellys

blokk

block (en) blohkka (se) block (sv) lohko, harkko (fi)

(nb): stykke av solid materiale

blokk

block, pulley block (en) blohkka (se) block (sv) väkipyörä (fi)

(nb): del av heiseanordning med ei eller flere trinser

blyakkumulator, blybatteri

lead accumulator, lead battery (en) ladjoakkumuláhtor (se) blyackumulator, blybatteri (sv) lyijyakku (fi)

(nb): batteri med elektodar av bly (Pb) og svovelsyre (H_2SO_4) som elektrolytt

blybatteri

Se «blyakkumulator, blybatteri».

blyfri bensin

leadless, lead-free gasoline / petrol (en) lajuhis bensiidna (se) blyfri bensin (sv) lyijytön bensiini (fi)

(nb): bensin som ikke inneholder bly

blære

Se «pore, blære».

bløtlodding[nb]

Se «tinnlodding, mjuklodding, bløtlodding[nb]».

blåsebelg

Se «belg, blåsebelg».

blåsespiss, luftpistol

air blowing tube (en) bossunnjunni (se) luftpistol (sv) paineilmasuutin, paineilmapistooli (fi)

(nb): rør med ventil for å slippe ut trykkluftstråle

bogesag[nn]

Se «baufil, skjærfil[nb], skjerfil[nn], buesag[nb], bogesag[nn]».

bolt

bolt (en) boaltu (se) bult (sv) pultti (fi)

(nb): sylindrisk stålstykke, ofte med gjenger og eventuelt hode

boltsaks

Se «kraftavbiter[nb], kraftavbitar[nn], boltsaks».

bor

drill (en) bovra, nábár, rádna, málgur (se) borr (sv) pora (fi)

(nb): verktøy til å bore hol med

bore

drill, bore (en) bovret, bohkat, rádnet (se) borra (sv) porata (fi)

(nb): lage hol i noko med hjelp av bor

boremaskin

drill, drilling machine (en) bovrenmašiidna, rádna (se) borrmaskin (sv) porakone (fi)

(nb): roterende maskin for boring, drives med elektrisitet eller trykkluft

borhylse

tapered sleeve, drill coupling (en) bovraskuohppu (se) borrchuck (sv) väliholkki, supistusholkki (fi)

(nb): hylse for bor med innvendig og utvendig morsekon

borkile

Se «utslager[nb], utslagar[nn], borkile».

botntapp[nn]

Se «bunntapp[nb], botntapp[nn], sluttapp».

brannslange

fire hose (en) jáddadanšláŋŋa (se) brandslang (sv) paloletku (fi)

(nb): vasslange for slokking av brann

brannslokkingsapparat

fire extinguisher (en) jáddadanapparáhta (se) brandsläckare (sv) sammutin (fi)

(nb): apparat for slukking av brann med gass, pulver eller vann

brekkjern, kubein

crow bar (en) gákkan, ruovdegákkan (se) bräckjärn, kofot (sv) sorkkarauta (fi)

(nb): bøygd og kløyvd stålstang til å bryte opp noko med

brems

brake (en) goazan, vávlu (se) broms (sv) jarru (fi)

(nb): hjelpemiddel til å stogge eller minska farten på aksling, maskin eller kjøretøy

bremse

brake (en) goahcat, vávlet (se) bromsa (sv) jarruttaa (fi)

(nb): redusere farta på et kjøretøy eller en maskin ved hjelp av friksjon

bremsekloss

brake pad, brake block (en) goahcanbircu, goahcanlohti (se) bromskloss (sv) jarrupala (fi)

(nb): kloss som klemmes mot bremseskive

bremseskive

brake disc (en) goahcanskearru (se) bromsskiva (sv) jarrulevy (fi)

(nb): roterende skive som bremseklossene strammes mot

bremsesko

brake shoe (en) goahcangáma (se) bromsback (sv) jarrukenkä (fi)

(nb): fjærbelasta konstruksjon med pålimt eller påklinka bremsebånd som presses mot innsida av bremsetrommel

bremsetrommel

brake drum (en) goahcanfárppal (se) bromstrumma (sv) jarrurumpu (fi)

(nb): roterende trommel som bremsesko strammes mot

bremsevæske

brake fluid (en) goahcannjalbi (se) bromsvätska (sv) jarruneste (fi)

(nb): hydraulikkvæske for bruk i bremsesystemet på kjøretøy

brennbar

combustible, inflammable (en) buolihahtti, cahkehahtti (se) brännbar (sv) palava, syttyvä (fi)

(nb): som kan brenne

brennstoff, drivstoff, brensel

fuel (en) boaldámuš (se) bränsle (sv) polttoaine (fi)

(nb): stoff som forbrenner og avgir energi som kan utnyttes i motor, ovn, e.l.

brennverdi, varmeverdi

heating value, calorific value (en) liekkasárvu (se) värmevärde (sv) paloarvo, lämpöarvo (fi)

(nb): den varmemengde som blir frigitt ved forbrenning av gitt mengde brensel

brensel

Se «brennstoff, drivstoff, brensel».

bronse

bronze (en) bronsa, bronša (se) brons (sv) pronssi (fi)

(nb): legering av koppar (Cu) og tinn (Sn)

brotflate[nn]

Se «bruddflate[nb], brotflate[nn]».

brotsje, opprømme

ream, broach (en) galjidit (se) brotscha, upprymma (sv) kalvia, väljentää (fi) (nb): utvide eller forme til et hol ved hjelp av fleiregga spesialbor

brotsj, rømmer

reamer, broach, reaming bit (en) galján (se) brotsch, upprymmare (sv) kalvin, väljennin, avennin (fi)

(nb): roterende finbearbeidingsverktøy med rette eller spiralskårne skjæreegger brukt til å utvide eller forme til et hull

brotspon[nn]

Se «bruddspon[nb], brotspon[nn]».

bruddflate[nb], brotflate[nn]

surface of fracture (en) doddjonolggoš (se) brottyta (sv) murtopinta (fi)

(nb): flate som kjem fram der noko blir brote

bruddspon[nb], brotspon[nn]

swarf (en) doddjonvuolahas (se) kortspån (sv) katkolastu, murtolastu (fi)

(nb): relativt korte spon ved dreiing, fresing, gjenging og boring

bruksanvisning[nb], bruksrettleiing[nn]

manual, operating instructions (en) geavahančilgehus, atninčilgehus (se) bruksanvisning (sv) käyttöohje (fi)

(nb): rettleiing i kordan bruke ein gjenstand

bruksrettleiing[nn]

Se «bruksanvisning[nb], bruksrettleiing[nn]».

bryne, hein, brynestein

whetstone, finishing stick (en) sadjin, sadjingeađgi, dávžžan (se) bryne (sv) hiomakivi, kovasin (fi)

(nb): verktøy for finsliping av egger

bryne, heine

hone (en) sadjit, dávžat (se) bryna (sv) hioa, teroittaa (fi)

(nb): finslipe egger

brynestein

Se «bryne, hein, brynestein».

bryning, heining

whetting (en) sadjin, dávžan (se) bryning, hening (sv) teroittaminen, hiominen (fi)

(nb): finsliping av egger

brytar[nn]

Se «bryter[nb], brytar[nn]».

bryter[nb], brytar[nn]

switch, circuit breaker, interrupter (en) botkkon (se) brytare (sv) kytkin, katkaisin (fi)

(nb): mekanisme som ein koplar straum av og på med eller vekslar mellom straumkrinsar

bråkjøling

quenching, chilling (en) roahtačoaskudeapmi (se) störtkylning (sv) karkaisusammutus (fi)

(nb): rask avkjøling ved herding for å låse fast strukturen i materialet

buesag[nb]

Se «baufil, skjærfil[nb], skjerfil[nn], buesag[nb], bogesag[nn]».

buesag[nb], bogesag[nn], vedsag

wood saw, billett saw (en) čielgesahá (se) bågsåg (sv) kaarisaha (fi)

(nb): stor vedsag med bue som begge endane av sagbladet er festa til

bukke

Se «knekke, bukke».

bukkemaskin

Se «knekkemaskin, bukkemaskin».

bunntapp[nb], botntapp[nn], sluttapp

plug tap, finishing tap, bottoming tap (en) botnedáhppa (se) gradtapp (sv) viimeistelytappi (fi)

(nb): siste gjengetapp i eit gjengetappsett, gir full diameter på gjengene heilt til botn

bygg

construction (en) huksehus (se) bygge, byggnad (sv) rakennus (fi)

(nb): bygning som er under arbeid eller nylig er ferdigbygd

bæreevne[nb], bereevne[nn]

carrying capacity, loadbearing capacity (en) guoddinnákca, guoddináhppi (se) bärförmåga, kapacitet (sv) kantavuus, kuormitettavuus (fi)

(nb): bærestyrken til eit byggverk eller ein bygningsdel når ein nyttar ut dei tillatte spenningane

bølgelengde[nb], bølgjelengd[nn]

wave length (en) bárroguhkkodat (se) våglängd (sv) aallonpituus (fi)

(nb): kortaste avstand mellom to punkt som har same svingetilstand

bølgjelengd[nn]

Se «bølgelengde[nb], bølgjelengd[nn]».

børste

brush (en) gusta, luvda (se) borste (sv) harja, hiiliharja (fi)

(nb): leiar som fører elektrisk straum til eller frå ein roterande maskindel

bøssing, hylse

bush(ing), sleeve, socket (en) skuohppu (se) bussning (sv) (laakerin) holkki (fi)

(nb): rørforma foring, som står fast / kan festas på aksel eller i boring

bøyel

Se «bøyle, bøyel».

bøyle, bøyel

bow, clamp, stirrup, loop (en) geavli (se) bygel (sv) lenkki, sanka, sinkilä (fi)

(nb): bogeforma eller tilbøygd stykke til å bære i, halde i eller spenne fast noko

CDI-boks

Se «tenningsboks, CDI-boks».

choke

Se «struper[nb], strupar[nn], choke».

chuck

Se «kjoks, chuck».

coil

Se «tennspole, coil».

damp

steam (en) lievla, levlo (se) ånga (sv) höyry (fi)

(nb): gassfasen til eit stoff som ved normal temperatur og normalt trykk også kan bestå som væske eller fast stoff

dampmaskin

steam engine (en) lievlamašiidna, levlomašiidna (se) ångmaskin (sv) höyrykone (fi)

(nb): maskin som blir dreve med vanndamp

data

data (en) dáhta, atta (se) data (sv) tieto, data (fi)

(nb): opplysning for videre bearbeiding

datamaskin

computer (en) dihtor (se) dator, datamaskin (sv) tietokone (fi)

(nb): maskin som arbeider etter kommandoar i eit programmeringsspråk

deformere

deform (en) deahpanit (se) deformera (sv) muotava (fi)

(nb): endre formen på noko

dekk

tyre (en) deahkka (se) däck (sv) rengas (fi)

(nb): gummihjul for montering på felg, som regel fylt med luft under trykk

dekkgass

shield gas (en) suodjegássa (se) skyddsgas (sv) suojakaasu (fi)

(nb): gass som beskytter lysbue og sveisebad under sveising

deksel

cap, lid, cover (en) govččas (se) täckplatta (sv) kansi, konepeitto (fi)

(nb): plate til vern av maskindeler eller komponenter

delehode[nb], delehovud[nn]

dividing head (en) juohkinoaivi (se) delningsdocka, delningshuvud (sv) jakopää (fi)

(nb): apparat for oppspenning og inndeling i fresemaskin, for eksempel for å frese tannhjul

delehovud[nn]

Se «delehode[nb], delehovud[nn]».

delesirkel

pitch circle (en) jorrangierdu (se) rullningscirkel (sv) vierintäympyrä (fi)

(nb): sirkel som har sitt sentrum på et tannhjuls aksel og som uten glidning ruller på en motsvarende sirkel hos mothjulet

deleskive

index plate, dividing plate (en) juohkinskearru (se) delningsskiva (sv) jakolevy (fi)

(nb): skive på delehode med hullsirkler med forskjellig antall hull

delevaskar[nn]

Se «delevasker[nb], delevaskar[nn]».

delevasker[nb], delevaskar[nn]

scouring machine, washing machine (en) oasselávgu (se) osienpesulaite (fi)

(nb): maskin for vasking av maskindeler

deling

Se «tanndeling, deling».

demontere

dismount, dismantle (en) burgit (se) demontera (sv) purkaa (fi)

(nb): ta utstyr helt eller delvis fra hverandre på en slik måte at delene ikke tar skade

dempe

cushion, damp (en) váidudit (se) dämpa (sv) vaimentaa,hiljentää (fi)

(nb): døyve, minske støt, for eksempel i trykkluftsylinder

demping

cushioning (en) váidudeapmi (se) dämpning (sv) vaimennin (fi)

(nb): måte å retardere stempelbevegelsen på når stempelet nærmer seg sin endestilling

densitet

Se «tetthet[nb], tettleik[nn], densitet, massetetthet».

diesel

Se «dieselolje, diesel, solar».

dieselmotor

diesel engine (en) dieselmohtor (se) dieselmotor (sv) dieselmoottori (fi)

(nb): forbrenningsmotor drevet med dieselolje, tenning pga. høyt trykk

dieselolje, diesel, solar

diesel oil (en) dieseloljju, diesel (se) dieselolja (sv) dieselöljy (fi)

(nb): destillat av jordolje som brukes til drivstoff i forbrenningsmotorer, kokepunkt 180-380°C

differensial

differential (en) differensiála (se) differential (sv) tasauspyörästö (fi)

(nb): veksel som fører over motorkrafta til drivhjula slik at dei kan gå med ulik fart

differensialsperre

differential lock (en) differensiálgiddehat (se) differentialspärr (sv) tasauspyörastön lukitus (fi)

(nb): kopling som gjør at differensialen kan settas ut av funksjon og hindrar eine bakhjulet i å spinne fritt

digital

digital (en) digitálalaš, digitála (se) digital (sv) digitaalinen, numeerinen (fi)

(nb): som gjeld tall, størrelser i tallform; som bygger på det binære systemet; som mŧler trinnvist

dimensjonere

dimension, measure out (en) mihttodallat (se) dimensionera (sv) mitoittaa (fi)

(nb): gi dimensjonar, berekne mål på en gjenstand eller konstruksjon

diode

diode (en) dioda (se) diod (sv) diodi (fi)

(nb): to-pols elektronisk komponent med forskjellig resistans i de to retningene

dobbeltverkande sylinder[nn]

Se «dobbeltvirkende sylinder[nb], dobbeltverkande sylinder[nn]».

dobbeltvirkende sylinder[nb], dobbeltverkande sylinder[nn]

double acting cylinder (en) guovttedoaimmat sylinddar (se) dubbelverkande cylinder (sv) kaksitoiminen sylinteri (fi)

(nb): sylinder der trykkmediet angriper vekselvis på begge sider av stempelet

dor

drift, punch (en) durra (se) dorn (sv) tuurna (fi)

(nb): sylindrisk eller konisk bolt til å slå eller utvide hol, drive ut naglar, slå spikrar djupare inn osv

dreiar[nn]

Se «dreier[nb], dreiar[nn]».

dreie

turn (en) várvet, jorahit, vátnat (se) svarva (sv) sorvata (fi)

(nb): skjære spon av roterende arbeidsstykke

dreiebenk

lathe (en) várve, várvenbeaŋka, jorahanbeaŋka, vátnanbeaŋka (se) svarv (sv) sorvi (fi)

(nb): sponskjærande bearbeidingsmaskin der ein med skjæreverktøy lausgjør spon frå eit roterande arbetsstykke

dreiemoment, vrimoment

torque, twisting moment, turning moment (en) jorranmomeanta, botnjanmomeanta (se) vridmoment (sv) vääntömomentti (fi)

(nb): produkt av dreiande kraft og avstanden frå aksen til angrepspunktet for krafta

dreier[nb], dreiar[nn]

turner (en) várvvár (se) svarvare (sv) sorvari, sorvaaja (fi)

(nb): arbeider som dreier

dreiestål

lathe tool, turning tool (en) várvenstálli (se) svarvstål (sv) sorvinterä (fi)

(nb): stålverktøy brukt til avsponing i dreiebenk

dreneringsplugg

Se «avtappingsplugg, dreneringsplugg».

drev, drivhjul

driving wheel, driving gear, driving pinion (en) jođihanjuvla (se) drev, drivhjul (sv) käyttöpyörä, vetopyörä (fi)

(nb): tannhjul eller reimskive som driv eit eller fleire andre hjul

-dreven[nn]

Se «framhjulsdrevet[nb], -dreven[nn], forhjuls-».

drift

operation, running (en) doaibma (se) drift (sv) käyttö (fi)

(nb): måten ein maskin eller eit apparat fungerer på, eks. kjededrift

drivhjul

Se «drev, drivhjul».

drivkraft

motive power, thrust, motive force (en) jođihanfápmu (se) drivkraft (sv) käyttövoima (fi)

(nb): kraft som set og held ein maskin igang

drivpasning

tight fit, drive fit (en) čavgaheivehus (se) drivpassning (sv) pakotustiukkuus (fi)

(nb): pasning der akselen er litt større enn boringa og der det trengs lita kraft for å sette dei saman

drivreim

transmission belt, driving belt (en) jođihanruopma (se) drivrem (sv) tehonsiirtohihna, käyttöhihna (fi)

(nb): reim som overfører kraft mellom to akslingar

drivstoff

Se «brennstoff, drivstoff, brensel».

drivverk

drive (en) jođihandoaimmahat, jođihanrusttet (se) drivverk (sv) käyttölaite, käyttömekanismi (fi)

(nb): innretning som tilfører noe bevegelsesenergi; mekanisme, gangverk

dynamisk

dynamic, dynamical (en) dynámalaš (se) dynamisk (sv) dynaaminen (fi)

(nb): som er i rørsle, som har drivande kraft

dynamo

Se «generator, dynamo».

dyse

nozzle, spray nozzle, jet (en) cirggon (se) dysa (sv) suutin (fi)

(nb): forstøverorgan for væske; munnstykke til å regulere væske- eller gassstraum

dødgang, slakk

backlash (en) loaŋkkisteapmi, šloaŋkkisteapmi (se) dödgång, spel (sv) välys, väljyys (fi)

(nb): i en mekanisk overføring det at et element kan gjøre en viss bevegelse uten at det neste elementet blir påvirket

dødpunkt (nedre / øvre)

dead centre (lower / top) (en) jápmačuokkis, jorggihansadji (bajit / vuolit) (se) dödpunkt (undre / övre) (sv) kuolokohta (ala-/ylä-) (fi)

(nb): øvre og nedre snupunkt for stempelbevegelse

edelgass

noble gas, inert gas (en) jállogássa, árvogássa (se) ädelgas (sv) jalokaasu (fi)

(nb): grunnstoff som under vanlige vilkår har gassform

og som ikkje inngår i kjemiske bindingar; He, Ar, Ne, Kr, Xe, Rn

effekt

effect (en) beaktu (se) effekt (sv) teho (fi)

(nb): energi pr. tidseining, målas i watt (W)

egg, skjær[nb], skjer[nn]

edge, cutting edge (en) ávju (se) egg (sv) terä, leikkuusärmä (fi)

(nb): skarp kant, kvest kant på skjærereidskap

eggvinkel

cutting angle, edge angle (en) ávjočiehka (se) eggvinkel (sv) teräkulma (fi)

(nb): vinkel mellom dei plana overflatene nærast inntil egg

eksentrisitet

Se «kast, eksentrisitet».

eksentrisk

excentric (en) eahpeguovddášlaš (se) excentrisk (sv) epäkeskinen (fi)

(nb): som ligg utafor sentrum; som ikkje har samme sentrum

eksosanlegg, avgassanlegg

exhaust system (en) bázahasrusttet (se) avgassystem (sv) pakoputkisto (fi)

(nb): anlegg som avgassane går gjennom frå motoren og ut i lufta; manifold, eksosrør og eksospotte

eksos, avgass

exhaust (en) bázahasgássa, eksosa, eksosgássa (se) avgas (sv) pakokaasu (fi)

(nb): utløpsgass fra motorer

eksosmålar[nn]

Se «avgassanalysator, avgassmåler[nb], eksosmåler[nb], avgassmålar[nn], eksosmålar[nn]».

eksosmåler[nb]

Se «avgassanalysator, avgassmåler[nb], eksosmåler[nb], avgassmålar[nn], eksosmålar[nn]».

eksospotte, lyddemper[nb], lyddempar[nn]

silencer, damper, muffler, exhaust box (en) bázahasbohttu, eksosbohttu, jietnaváiddon (se) ljuddämpare (sv) äänenvaimennin (fi)

(nb): potte på eksosrøret for å minske og utjevne trykket i eksosgassen og redusere lyden

eksosrør

exhaust pipe (en) bázahasbohcci, eksosbohcci (se) avgasrör (sv) pakoputki (fi)

(nb): rør som eksosgassen går gjennom frå motoren og ut i lufta

ekspansjon

expansion (en) báisan (se) expansion (sv) laajeneminen, leviäminen, kasvu (fi)

(nb): utviding

ekspansjonsbolt

expansion bolt, expansion-shell bolt (en) báisaboaltu (se) expanderbult (sv) kiilapultti, paisuntakuoripultti (fi)

(nb): bolt som forankres i boltehullet ved hjelp av ekspansjonshylse

ekspansjonshylse

expansion bush, expansion sleeve (en) báisaskuohppu (se) expansionshylsa, expanderhylsa (sv) kiristysholkki, kiilaholkki (fi)

(nb): delt hylse som kan utvides så den presser utover i ei boring

eksplosjon

explosion (en) bávkkiheapmi, bávkkehus (se) explosion (sv) räjähdys (fi)

(nb): rask, brå auke eller sprenging

elastisk

elastic, flexible (en) fadnil, vadnil, dávggas (se) elastisk (sv) joustava (fi)

(nb): som har evne til å gå tilbake til opprinnelig form og volum etter ei belastning

elektrikar[nn]

Se «elektriker[nb], elektrikar[nn]».

elektriker[nb], elektrikar[nn]

electrician (en) elektrihkkár (se) elektriker (sv) sähköasentaja (fi)

(nb): fagarbeidar som driv med elektrisk installasjon og vedlikehald

elektrisitet

electricity (en) elektrisitehta (se) elektricitet (sv) sähkö (fi)

(nb): energi som er årsak til elektrisk kraftverknad og som utviklar seg ved overskot på visse elementærpartiklar i atom

elektrisk

electric(al) (en) elektralaš, elektrihkalaš (se) elektrisk (sv) sähköinen (fi)

(nb): som er ladd med, leier eller produserer elektrisitet

elektrisk aggregat

Se «(strøm)aggregat, straum-[nn], elektrisk aggregat».

elektrode

electrode (en) elektroda (se) elektrod (sv) elektrodi (fi)

(nb): leiarelement som fører elektrisk straum over i eit anna medium

elektronikk

electronics (en) elektronihkka (se) elektronik (sv) elektroniikka (fi)

(nb): del av elektroteknikken som gjelder styring av elektronstrømmer

elektronisk

electronic (en) elektrovnnalaš (se) elektronisk (sv) sähköinen, elektroninen (fi)

(nb): som gjeld eller bygger på elektronikken

elementær

basic (en) álggalaš, álgo- (se) elementär (sv) alkio, alkeis- (fi)

(nb): grunnleggende, fundamental

elementærladning

elementary charge (en) álgogealdu, vuođđogealdu (se) elementärladdning (sv) alkeisvaraus (fi)

(nb): ladningen på et proton eller elektron, e = 1,602 x 10-19 C (coulomb)

emne

Se «materiale, emne».

emulsjon, oppløsning[nb], oppløysing

emulsion, solution (en) luvvadus (se) emulsion, lösning (sv) emulsio (fi)

(nb): homogen flytende blanding av et eller flere stoffer i et oppløsningsmiddel

endeklaringsvinkel

back clearance, end-play angle (en) geahčegaskačiehka (se) baksläppningsvinkel (sv) päästökulma (fi)

(nb): vinkel på skjæreverktøy i underkant av bieggen

endeplanfres

shell end mill, end face mill (en) geahčedulbenjurssan (se) ändplanfres (sv) lieriöotsajyrsin (fi)

(nb): sylindrisk fres som har egger både på enden og sida

energi

energy (en) árja, energiija (se) energi (sv) energia (fi)

(nb): evne til å gjøre arbeid, effekt x tid

enkeltverkande sylinder[nn]

Se «enkeltvirkende sylinder[nb], enkeltverkande sylinder[nn]».

enkeltvirkende sylinder[nb], enkeltverkande sylinder[nn]

single-acting cylinder (en) ovttadoaimmat sylinddar (se) enkelverkande cylinder (sv) yksitoiminen sylinteri (fi)

(nb): sylinder der trykkmediet bare påvirker på ene sida av stempelet og returen foregår mekanisk, ofte med fjær

essesveising, smisveising

forge-welding (en) bádjesveisen (se) smidessvetsning (sv) pajahitsaus (fi)

(nb): sveising ved at man varmer opp stål i smiesse og smi det sammen

etse

etch (en) borrat (se) etsa (sv) syövyttää, etsata (fi)

(nb): tære, løyse opp; la tære, løyse opp

fabrikk

factory, manufacturing plant (en) fabrihkka (se) fabrik (sv) tehdas (fi)

(nb): verksemd som masseproduserer varer ved hjelp av maskinar

fals

fold, flange, seam, joint (en) bonte, sponta (se) fals (sv) huullos, uurre (fi)

(nb): ombøygd kant på plate for skøyting

false

fold, rebate, rabbet (en) bontet, spontet (se) falsa (sv) taivuttaa (fi)

(nb): skjøte gjennom å bøye kantene på plater og presse / banke sammen

falsskjøt[nb], falsskøyt[nn]

rabbet, scarf (en) bontelakta, spontalakta (se) fals (sv)

(nb): skjøt oppstått ved at kantene på platene er bøyd om hverandre

falsskøyt[nn]

Se «falsskjøt[nb], falsskøyt[nn]».

fart

Se «hastighet[nb], fart».

fartsmålar[nn]

Se «hastighetsmåler[nb], fartsmåler[nb], fartsmålar[nn]».

fartsmåler[nb]

Se «hastighetsmåler[nb], fartsmåler[nb], fartsmålar[nn]».

fase

phase (en) muddu (se) fas (sv) vaihe (fi)

(nb): tilstand ved punkt i periodiske svingingar; kvar leidning eller vinding i nett som fører vekselstraum

fase

bevel, chamfer (en) ravdet, ravdadit (se) fasa (sv) viistää (fi)

(nb): lage skråkant på arbeidsstykke

fase

Se «fas, fase».

faseforskuving[nn]

Se «faseforskyving, faseforskuving[nn]».

faseforskyving, faseforskuving[nn]

phase shift (en) muddosirdu (se) fasförskjutning (sv) vaihesiirto (fi)

(nb): skilnad i fase mellom ulike fasar for straum og spenning i ein vekselstraumkrins

fas, fase

bevel, chamfer (en) hphysicaloravda, áloravda (se) fas (sv) viiste (fi)

(nb): skråkant på arbeidsstykke etter bearbeiding

fasslitasje

phase wear (en) ravdaloaktu (se) fasförslitning (sv)

(nb): slitasje på skjæreverktøy der det er slitt vekk ein fas av eggen

fasthet[nb], fastleik[nn]

strength (en) nannodat (se) fasthet (sv) kestävyys, vahvuus (fi)

(nb): eigenskap ved materiale å stå imot ytre krefter

fastleik[nn]

Se «fasthet[nb], fastleik[nn]».

fastnøkkel

open-end spanner, open-end wrench (en) rabas čoavdda (se) U-nyckel (sv) kiintoavain (fi)

(nb): ikkje stillbar skrunøkkel med open kjeft

fast senterspiss

dead centre point, dead centre peak (en) gitta guovddášnjunni (se) fast dubb (sv) kiinteä keskiökärki (fi)

(nb): senterspiss som står i ro i pinolrøret og ikke roterer med arbeidsstykket

feilsøking

fault location, fault finding (en) vihkeohcan (se) felsökning (sv) vian paikannus (fi)

(nb): undersøking for å bestemme en feils posisjon og art

feittpresse[nn]

Se «fettpresse[nb], feittpresse[nn]».

felg

rim, felly, felloe (en) fealga (se) fälg (sv) vanne (fi)

(nb): profilert hjulring for montering av dekk

felgkryss

Se «hjulkryss, kryss, felgkryss».

felt

field (en) gieddi (se) fält (sv) kenttä (fi)

(nb): i databasar del av ein post som er reservert for ein viss type informasjon, t.d. adresse eller alder, i kvar post er feltet på same stad

feste

Se «spenne opp, spenne fast, feste».

festeskrue

Se «settskrue, festeskrue».

fettpresse[nb], feittpresse[nn]

grease gun (en) vuoiddasbožán (se) fettspruta (sv) voitelupuristin, voiteluruisku (fi)

(nb): reiskap til å presse feitt inn i smøreniplar med

fil

file (en) fiilu (se) fil (sv) viila (fi)

(nb): skjæreverktøy av herda stål med mange tenner som er skåret inn som riller i overflata

fil

file (en) vuorká, fiila (se) fil (sv) tiedosto (fi)

(nb): informasjon samla i ein datamaskin / på eit lagringsmedium, fila har eige namn og kan innehalde tekst, bilete, program osv.

filbørste

file brush (en) fiilogušta (se) filborste (sv) viilaharja (fi)

(nb): stålbørste for reingjøring av fil

file

file (en) fiilet (se) fila (sv) viilata (fi)

(nb): bearbeide arbeidsstykke med fil

filklo

filing vice, hand vice (en) fiilogazza (se) filklove (sv) viilain, ruuvipuristin (fi)

(nb): klo for fastspenning av lite arbeidsstykke for filing

filt

felt (en) duohppa (se) filt (sv) huopa (fi)

(nb): stoff av sammenpressa ull eller hår, brukes bl.a. til pusseskiver

filter

filter, strainer (en) filttar, duobussilli (se) filter (sv) suodatin (fi)

(nb): porøst stoff til å sile væske eller gass gjennom for å fjerne faste partikler

filtrere

percolate, filter, strain (en) duobussillet (se) filtra (sv) suodattaa (fi)

(nb): fjerne partiklar frå væske eller gass ved hjelp av filter

filtrering

filtering, filtration (en) duobussillen (se) filtrering (sv) suodatus (fi)

(nb): prosess for å fjerne partikler fra væske eller gass ved hjelp av filter

finbearbeiding

finish (en) fiidnagieđahallan, loahppagieđahallan (se) färdigbehandling, slutbehandling (sv) hienotyöstö, viimeistely (fi)

(nb): bearbeiding til endelig mål og overflatefinhet

fingjenge

fine thread (en) fiidnajeaŋga (se) fingänga (sv) hienokierre, toajakierre (fi)

(nb): gjenge med liten stigning i forhold til diameteren

finkorna

fine-grained (en) fiidnagortnat (se) finkornig (sv) hienojyväinen, -rakeinen (fi)

(nb): som har små slipekorn (om slipeskive eller sandpapir)

firehjuling

Se «firehjulssykkel, firehjuling».

firehjulssykkel, firehjuling

four wheel bike (en) njealjejuvllat (sihkkal) (se) fyrhjuling (sv) mönkijä (fi)

(nb): terrengmotorkjøretøy med fire hjul

firetaktsmotor

four-stroke engine (en) njealjedávttatmohtor (se) fyrtaktsmotor (sv) nelitahtimoottori (fi)

(nb): forbrenningsmotor som har forbrenning ved hvert 4 stempelslag (annenhver omdreining)

firkantgjenge

flat thread, square thread (en) njealječiegatjeaŋga, duolbajeaŋga (se) flatgänga (sv) lattakierre (fi)

(nb): gjenge med kvadratisk tverrsnitt

firkantskrue

square head screw (en) njealječiegat skruvva, njealjeborat skruvva (se) fyrkantskruv (sv) neliökantaruuvi (fi)

(nb): skrue med kvadratisk hode

fjernkontroll

Se «fjernstyring, fjernkontroll».

fjernstyring, fjernkontroll

remote control (en) gáiddusstivren (se) fjärrmanövrering (sv) kauko-ohjaus (fi)

(nb): styring av ein mekanisme frå avstand

fjær[nb], fjør[nn]

spring (en) dávgi (se) fjäder (sv) jousi (fi)

(nb): maskindel av elastisk materiale som gjennom formendringar i stigande grad magasinerer energi

fjærskive[nb]

Se «sprengskive, fjærskive[nb], fjørskive[nn]».

fjærspenning[nb], fjørspenning[nn]

spring tension (en) dávgegealdda (se) fjäderspänning (sv) jousenjännitys (fi)

(nb): potensiell energi lagra i spent spiral- eller bladfjær

fjærsplint[nb], fjørsplint[nn], hårnål

hair pin spring (en) váfistansoađis, vuoktasoađis (se) sakka (fi)

(nb): fjærande bøygd stålpinne med to greiner

fjærstål[nb], fjørstål[nn]

spring steel (en) dávgestálli (se) fjäderstål (sv) jousiteräs (fi)

(nb): legert stål med stor elastisitet for produksjon av bl.a. spiral- og bladfjærer

fjør[nn]

Se «fjær[nb], fjør[nn]».

fjørskive[nn]

Se «sprengskive, fjærskive[nb], fjørskive[nn]».

fjørspenning[nn]

Se «fjærspenning[nb], fjørspenning[nn]».

fjørsplint[nn]

Se «fjærsplint[nb], fjørsplint[nn], hårnål».

fjørstål[nn]

Se «fjærstål[nb], fjørstål[nn]».

flankevinkel, gjengevinkel

angle of thread (en) gilgačiehka (se) flankvinkel, gängvinkel (sv) kylkikulma (fi)

(nb): vinkelen over en gjengetopp, mellom gjengeflankene

flat

Se «plan, flat».

flatjern

Se «flatstål, flatjern».

flatmeisel

flat chisel (en) duolbaluovččan (se) flatmejsel (sv) lattataltta (fi)

(nb): meisel med lang, rett egg

flatreim

flat transmission belt (en) duolbaruopma (se) flatrem (sv) lattahihna (fi)

(nb): reim med jamntjukt tverrsnitt

flatstål, flatjern

flat steel (en) duolbastálli (se) plattstål (sv) lattateräs (fi) (nb): stålmateriale med rektangulært tverrsnitt og relativt stor bredde i forhold til tykkelsen

flattang[nb]

Se «nebbtang[nb], spisstang[nb], flattang[nb], nebbtong[nn], spisstong[nn], flattong[nn]».

flattong[nn]

Se «nebbtang[nb], spisstang[nb], flattang[nb], nebbtong[nn], spisstong[nn], flattong[nn]».

fleirkilesamband[nn]

Se «flerkileforbindelse[nb], fleirkilesamband[nn], splines».

flens

flange (en) gearsi, jargŋa (se) fläns (sv) laippa (fi)

(nb): utstående kant, krage t.d. på rør

flerkileforbindelse[nb], fleirkilesamband[nn], splines

splines (en) máŋggalođatovttastus (se) bomspår, splines (sv) akselin uritus, rihlaus (fi)

(nb): overgang mellom aksling og boring der fleire spor passar inn i kvarandre

flotasjon

flotation (en) govdudeapmi (se) flotation (sv) vaahdotus (fi)

(nb): metode for utskilling av finmalt malm ved hjelp av vann, olje og luft

flottør

float, float ball (en) govddon (se) flottör (sv) uimuri (fi)

(nb): flyteelement som viser eller regulerer væskestand

fluks

flux (en) fluksa (se) flöde (sv) magneettivuo (fi)

(nb): magnetisk strøm, måles i weber (W)

flukstetthet[nb], flukstettleik[nn]

flux density (en) fluksasuhkodat (se) flödestäthet (sv) magneettivuon tiheys (fi)

(nb): størrelsen av et magnetfelt som passerer loddrett gjonnom et bestemt areal, måles i tesla (T)

flukstettleik[nn]

Se «flukstetthet[nb], flukstettleik[nn]».

flussmiddel

flux, soldering paste, fluidizer (en) šolgenávnnas, šolggas (se) flussmedel (sv) juoksute, juotostahna (fi)

(nb): væske, pasta eller pulver som tilsettas ved lodding for å fjerne belegg og gi bedre feste

flytegrense

yield point (en) máhccanrádji (se) flytgräns, övre sträckgräns (sv) ylempi myötöraja (fi)

(nb): grense der elastisk påkjenning tar til å kalle fram sterk tøying i eit materiale trass i at kraftbruken minkar

flytespon

turnings, shavings (en) joatkkavuolahas (se) långspån (sv)

(nb): lang, ubroten spon ved sponskjæring

foraksel, framaksel

front axle (en) ovdaáksil (se) framaxel (sv) etuakseli (fi)

(nb): aksel for forhjula på eit kjøretøy

forbrenning

combustion (en) boaldin (se) forbränning (sv) polttaminen (fi)

(nb): varmegivende reaksjon mellom brensel og oksygen

forbrenningsmotor

combustion engine (en) boaldinmohtor (se) förbränningsmotor (sv) polttomoottori (fi)

(nb): varmekraftmaskin som forbrenn drivstoffet i maskinen

forbruk

consumption (en) gollu, mannu (se) förbrukning (sv) käyttö (fi)

(nb): bruk av elektrisk energi for omdanning til annen form for energi

fordelar[nn]

Se «fordeler[nb], fordelar[nn], strømfordeler[nb], straum-[nn]».

fordeler[nb], fordelar[nn], strømfordeler[nb], straum-[nn]

distributor (en) juogan, rávdnjejuogan (se) fördelare (sv) virranjakaja (fi)

(nb): mekanisme med rotor som fordeler høyspent strøm fra coilen til tennpluggene

foretak[nb]

Se «bedrift, foretak[nb], føretak[nn]».

forgassar[nn]

Se «forgasser[nb], forgassar[nn]».

forgasser[nb], forgassar[nn]

carburettor (en) gássor (se) förgasare (sv) kaasutin (fi)

(nb): motordel der flytande brensel blir forstøva

forgjengetapp

Se «spisstapp, forgjengetapp».

forgreiningsrør

Se «manifold, samlestokk, forgreiningsrør».

forhaustar[nn]

Se «forhøster[nb], forhaustar[nn]».

forhjuls-

Se «framhjulsdrevet[nb], -dreven[nn], forhjuls-».

forhøster[nb], forhaustar[nn]

forage harvester (en) fuođđarrájan (se) fälthack (sv) niittosilppuri (fi)

(nb): maskin som slår gras, hakkar det og blæs det ut i ei vogn

forkromme

chrome plate, chrome coat (en) krommadit, krommet (se) förkroma (sv) kromata (fi)

(nb): dekke med vernelag av krom (Cr)

forlenger[nb], forlengjar[nn]

extension bar, extension rod (en) joatkkán, joatkka (se) förlängningsstång (sv) jatke, jatkovarsi (fi)

(nb): skøytestykke til forlenging av skaft på skruverktøy

forlengjar[nn]

Se «forlenger[nb], forlengjar[nn]».

form

mould (en) foarbma, hoarbma (se) form (sv) muotti (fi)

(nb): hul gjenstand eller konstruksjon som ein kan helle ei flytande masse i og som stivnar der

formbar

Se «plastisk, formbar».

formendring

deformation (en) hápmemuhttin, lávvamuhttin (se) formförändring (sv) muodonmuutos (fi)

(nb): endring av form gjennom plastisk bearbeiding

forsenka hode[nb], forsenka hovud[nn], senkhode[nb], senkhovud[nn]

countersunk head (en) gohpeoaivi (se) försänkt huvud (sv) uppokanta (fi)

(nb): konisk skruehode

forsenka hovud[nn]

Se «forsenka hode[nb], forsenka hovud[nn], senkhode[nb], senkhovud[nn]».

forsenkar[nn]

Se «forsenker[nb], forsenkar[nn], forsenkingsbor».

forsenke

countersink (en) gohpat (se) försänka (sv) upottaa (fi)

(nb): lage konisk hol for skruehovud

forsenker[nb], forsenkar[nn], forsenkingsbor

countersink (en) goban (se) försänkare (sv) upotuspora (fi)

(nb): kjegleforma bor for fasing av sylindrisk hol

forsenkingsbor

Se «forsenker[nb], forsenkar[nn], forsenkingsbor».

forsinking, galvanisering

zink-plating, galvanization (en) sinkadeapmi, sinken (se) förzinkning, galvanisering (sv) sinkitys (fi)

(nb): dekke med vernelag av sink, Zn

forspenning

pre-stressing, pre-tensioning (en) ovdagealdda, álgogealdda (se) förspänning (sv) esijännitys (fi)

(nb): spenningstilstand påført bygningsdel før den utsettes for nyttelast

forsterkar[nn]

Se «forsterker[nb], forsterkar[nn]».

forsterke

strengthen, reinforce (en) gievrudit, nanosmahttit (se) förstärka (sv) vahvistaa (fi)

(nb): auke styrken til ein gjenstand eller bygningsdel

forsterker[nb], forsterkar[nn]

amplifier (en) gievrudat (se) förstärkare (sv) vahvistin (fi)

(nb): apparat for å auke styrken på overførte signal utan å endre kvaliteten til signala

forsterking

Se «forsterkning[nb], forsterking».

forsterkning[nb], forsterking

strengthening, reinforcement (en) gievrudus (se) förstärkning (sv) vahvistus, vahvistaminen (fi)

(nb): detalj som aukar styrken til ein gjenstand eller bygningsdel

forstilling

forecarriage (en) ovdastelle (se) framvagn (sv) etuvaunu, ohjausteline (fi)

(nb): bevegelige og stillbare deler til styring av kjøretøy

forstøving

Se «forstøvning[nb], forstøving».

forstøvning[nb], forstøving

atomizing, atomization (en) gavjadeapmi (se) atomisering, finfördelning (sv) sumuttuminen, sumutus (fi)

(nb): nedbryting av flytende brensel til mikroskopiske partikler

(for)ureining[nn]

Se «forurensning[nb], (for)ureining[nn]».

forurensning[nb], (for)ureining[nn]

pollution (en) nuoskkideapmi (se) förorening (sv) epäpuhtaus, saaste (fi)

(nb): stoff som er uønska i sine omgivelser eller opptrer i for store mengder

fotpassar[nn]

Se «krumpasser[nb], fotpasser[nb], krumpassar[nn], fotpassar[nn]».

fotpasser[nb]

Se «krumpasser[nb], fotpasser[nb], krumpassar[nn], fotpassar[nn]».

framaksel

Se «foraksel, framaksel».

framhjulsdrevet[nb], -dreven[nn], forhjuls-

front wheel drive (en) ovdajuvlageassin (se) framhjulsdriven (sv) etuvetoinen (fi)

(nb): som har drivhjula foran på kjøretøy

frasveising[nb], fråsveising[nn], med-, venstre-

leftward welding (en) eretsveisen (se) motsvetsning (sv) myötähitsaus (fi)

(nb): gassveising der gassflammen føres fra smeltebadet, for tynne materialer

frekvens

frequency (en) dávji (se) frekvens (sv) taajuus (fi)

(nb): svingningar pr. tidseining, målas i hertz (Hz)

fres

milling cutter (en) jurssan (se) fräs (sv) jyrsin (fi)

(nb): roterande skjæreverktøy med fleire skjær

frese

mill (en) jurssahit, jursat (se) fräsa (sv) jyrsiä (fi)

(nb): skjære spon av tre eller metall med fresemaskin

fresemaskin

milling machine (en) jursanmašiidna (se) fräsmaskin (sv) jyrsinkone (fi)

(nb): maskin for sponskjæring med fres

friflate

Se «klaringsflate, friflate».

friksjon

friction (en) goahca, itna (se) friktion (sv) kitka (fi)

(nb): motstand i berøringsflata mellom to lekamar

friksjonskopling

friction coupling (en) goahcalakta (se) friktionskoppling (sv) kitkakytkin (fi)

(nb): mekanisk kopling basert på friksjonen mellom to flater som blir presset sammen

frivinkel

Se «klaringsvinkel, frivinkel».

fråsveising[nn]

Se «frasveising[nb], fråsveising[nn], med-, venstre-».

fuge

groove (en) gurradit (se) foga (sv) railon valmistus (fi)

(nb): lage åpning som skal fylles med sveis eller fugemasse

fuge

groove (en) sálvu, sveisengurra (se) fog (sv) railo, välys (fi)

(nb): mellomrom mellom plater, steinar o.l. som skal fylles med sveis eller fugemasse

fundament, sokkel

foundation, base (en) vuloštus, stealládat (se) fundament (sv) perustus, laiteperustus (fi)

(nb): stabilt underlag for for eksempel maskin

fyllmiddel

fillings, filler material (en) notkkaldat, deavddádas (se) fyllmedel (sv) täyteaine (fi)

(nb): materiale som tilsettes ei blanding for å forsterke egenskaper eller redusere pris

følar[nn]

Se «føler[nb], følar[nn], sensor, giver[nb], gjevar[nn]».

føler[nb], følar[nn], sensor, giver[nb], gjevar[nn]

detector, sensor, probe (en) dovddan, attán (se) givare, sensor (sv) ilmaisin, anturi, sensori (fi)

(nb): element i måleutstyr som reagerer direkte på en størrelse, slik at elementet gir ut et signal som representerer denne størrelsen

føretak[nn]

Se «bedrift, foretak[nb], føretak[nn]».

gacoring

Se «tetningsring[nb], tettingsring, gacoring».

gaffeltruck

fork lift truck (en) gaffaltrukka (se) gaffeltruck (sv) haarukkatrukki (fi)

(nb): motordreve kjøretøy for løfting og transport av varer på paller

galvanisering

Se «forsinking, galvanisering».

gass-

Se «gnisttenner[nb], gneistetennar[nn], gass-».

gasspedal

accelerator (pedal) (en) gássaduolmman (se) gaspedal (sv) kaasupoljin (fi)

(nb): pedal controlling rotational speed of engine

generator, dynamo

generator, dynamo (en) generáhtor (se) generator, dynamo (sv) generaattori, laturi, dynamo (fi)

(nb): elektrisk induksjonsmaskin som formar om mekanisk energi til elektrisk energi

gir

gear (en) molsson, giira (se) växel (sv) vaihde (fi)

(nb): tannhjulsutveksling for å endre utvekslingsforholdet

gire

Se «veksle, gire».

girkasse

gearbox, transmission (en) molssonkássa, giirakássa (se) växellåda (sv) vaihteisto (fi)

(nb): kasse rundt giret på eit kjøretøy

giver[nb]

Se «føler[nb], følar[nn], sensor, giver[nb], gjevar[nn]».

gjenge

thread (en) jeaŋga (se) gänga (sv) kierre (fi)

(nb): spiralforma spor på skrue eller mutter

gjenge

thread, cut threads (en) jeŋget (se) gänga (sv) kierteittää (fi)

(nb): lage spiralforma spor på skrue eller mutter

gjengebakke, gjengesnitt

cutting die, threading die, screw die (en) jeŋgenbáhkka (se) gängback, gängsnitt (sv) kierreleuka, kierrepakka (fi)

(nb): verktøy til å skjære utvendig gjenge med

gjengeflanke

side of thread, flank of thread (en) jeaŋgagilga (se) gängflank (sv) kierteen kylki (fi)

(nb): sida på ei gjenge

gjengelære, gjengesøker[nb], gjengesøkjar[nn]

thread gauge, screw pitch gauge (en) jeaŋgamihtádas (se) gängtolk (sv) kierremitta, kierrekampa (fi)

(nb): verktøy til måling av gjengestigning

gjengesnitt

Se «gjengebakke, gjengesnitt».

gjengestigning, stigning

screw pitch, pitch of thread (en) jeaŋgagoargŋun (se) gängstigning (sv) (kierteen) nousu (fi) (nb): avstanden i aksial retning frå gjengetopp til gjengetopp for ei omdreiing av ein skrue eller mutter

gjengestål

chaser, chasing tool, threading tool (en) jeŋgenstálli (se) gängstål (sv) kierreterä, kierteitystyökalu (fi)

(nb): dreiestål for gjenging

gjengesøker[nb]

Se «gjengelære, gjengesøker[nb], gjengesøkjar[nn]».

gjengesøkjar[nn]

Se «gjengelære, gjengesøker[nb], gjengesøkjar[nn]».

gjengetapp

tap, screw tap, thread tap (en) jeŋgendáhppa (se) gängtapp (sv) kierretappi (fi)

(nb): verktøy til å skjære innvendig gjenge med

gjengevinkel

Se «flankevinkel, gjengevinkel».

gjennomstrømmingsmåler[nb], gjennomstrøymingsmålar[nn]

flowmeter (en) čađagolganmihtádas (se) flödesmätare (sv) virtausmittari (fi)

(nb): måleinnretning for måling av transportert mengde pr. tidsenhet

gjennomstrøymingsmålar[nn]

Se «gjennomstrømmingsmåler[nb], gjennomstrøymingsmålar[nn]».

gjevar[nn]

Se «føler[nb], følar[nn], sensor, giver[nb], gjevar[nn]».

gjødselspreder[nb], gjødselspreiar[nn]

fertilizer distributor (en) muhkebiđggon (se) gödselspridare (sv) lannanlevittäjä, -levitin (fi)

(nb): innretning til å transportere og spre gjødsel

gjødselspreiar[nn]

Se «gjødselspreder[nb], gjødselspreiar[nn]».

gli

slide (en) johtit (se) glida (sv) liukua (fi)

(nb): røre seg nokså friksjonslaust på eit underlag

glidelager

sliding bearing, plain bearing (en) njoalveláger, johtinláger (se) glidlager (sv) liukulaakeri (fi)

(nb): lager der to flater glir mot kvarandre, oftast med smøremiddel

glidemotstand

sliding resistance, sliding friction (en) johtinvuosti (se)

glidmotstånd (sv) liukuvastus (fi)

(nb): motstand eller friksjonskraft mot glidebevegelse

gløde

anneal, glow (en) áhcagahttit (se) glödga (sv) hehkuttaa, kuumentaa (fi)

(nb): hete noko opp så det lyser, for eksempel for å fjerne indre spenningar

gløde

Se «glø, gløde».

glødeskall[nb], glødeskal[nn]

scale, oxide scale (en) áhcagastingarra (se) glödskal (sv) hehkutushilse, hilseyly (fi)

(nb): tjukt oksidskikt danna på metall ved høg temperatur

glødeskal[nn]

Se «glødeskall[nb], glødeskal[nn]».

glødetråd

filament (en) áhcagastinárpu (se) glödtråd (sv) hehkulanka (fi)

(nb): motstandstråd i for eksempel elektriske glødelamper og elektriske varmeovner

glø, gløde

glow (en) áhcagastit (se) glöda (sv) hehkua (fi)

(nb): vere så sterkt oppheita at det lyser utan flamme

gneiste[nn]

Se «gnist[nb], gneiste[nn]».

gneistetennar[nn]

Se «gnisttenner[nb], gneistetennar[nn], gass-».

gniding

rubbing (en) ruvven (se) gnidning (sv) hankaaminen (fi)

(nb): bevegelse av to gjenstander fram og tilbake mot hverandre

gnist[nb], gneiste[nn]

spark (en) čuonan (se) gnista (sv) kipinä (fi)

(nb): brennande eller lysande partikkel som fyk i lufta; lysande luftmolekyl ved kortvarig utladning

gnisttenner[nb], gneistetennar[nn], gass-

gas igniter (en) čuonancahkkehat (se) gaständare (sv) kaasunsytytin (fi)

(nb): reiskap til å lage gneiste for å tenne gass

grad

burr, rough edge (en) boazzi (se) grad (sv) purse, jäyste (fi)

(nb): skarp kant på arbeidsstykke etter bearbeiding

grade

clean off burrs, remove burrs (en) boazzuhuhttit (se) grada (sv) poistaa jäysteet (fi)

(nb): fjerne skarpe kanter på arbeidsstykke

gradvinkel

angle gauge, angulometer, bevel protractor (en) čiehkamihtádas, grádaviŋkil (se) lutningsmätare, inklinometer (sv) kaltevuusmittari, kulmamittari (fi)

(nb): stillbar vinkel med gradinndeling

grafskrivar[nn]

Se «plotter[nb], plottar[nn], grafskriver[nb], grafskrivar[nn]».

grafskriver[nb]

Se «plotter[nb], plottar[nn], grafskriver[nb], grafskrivar[nn]».

grannsemd[nn]

Se «presisjon, nøyaktighet[nb], grannsemd[nn]».

gravemaskin

excavator, dredger (en) goaivunmašiidna (se) grävmaskin (sv) kaivinkone (fi)

(nb): anleggsmaskin for graving

grensemål

limit value (en) rádjemihttu (se) gränsmått (sv) rajamitta (fi)

(nb): dei to ekstremt tillatte måla på eit element, som det virkelige målet skal ligge mellom eller på

grensesnitt

interface (en) lakta (se) gränssnitt (sv) liitäntä (fi)

(nb): kontaktanordning på datautstyr for tilkopling til andre enheter, vanligvis med kabel

gripetong[nn]

Se «griptang[nb], låsetang[nb], gripetong[nn], låsetong[nn]».

griptang[nb], låsetang[nb], gripetong[nn], låsetong[nn]

grab tongs (en) čárvendoaŋggat, čárvenbasttat (se) griptång (sv) lukkopihdit (fi)

(nb): tang med fjærspenning/ låsing for å holde fast arbeidsstykker

grisepikk

Se «skrueuttrekker[nb], skrueuttrekkjar[nn], grisepikk».

gropslitasje

pitting wear (en) gohpeloaktu (se) gropförslitning (sv) terän kuoppakuluminen (fi)

(nb): at spona slit ei grop i skjæreverktøyet

grovbearbeiding

rough-finish, roughing (en) roavvagieđahallan (se) grovbearbetning (sv) rouhinta, karkeatyöstö (fi)

(nb): bearbeiing med grov overflate til eit stykke over mål

grovfil

coarse file (en) roavvafiilu (se) grovfil (sv) karkeaviila, rouhintaviila (fi)

(nb): fil med grove tenner

grovkorna

coarse-grained (en) roavvagortnat (se) grovkornig (sv) karkearakeinen, - jyväinen (fi)

(nb): med store slipekorn

gråberg

shale, waste rock (en) ránesbákti (se) gråberg (sv) jätekivi, hylkykivi (fi)

(nb): berg som har utilstrekkelig innhald av økonomisk utnyttbart mineral

gummi

rubber (en) gummi (se) gummi (sv) kumi (fi)

(nb): naturlig eller syntetisk stoff med store molekyler og stor elastisitet

gå-grense

acceptance limit (en) čáhkanrádji (se)

(nb): grensemål som tilsvarer maksimum av materiale i vedkommende arbeidsstykke, dvs. øvre grensemål for en aksel og nedre grensemål for ei boring

hakenøkkel

hook spanner (en) roahkkečoavdda (se) haknyckel (sv) haka-avain (fi)

(nb): skrunøkkel for runde muttere med spor

haldar[nn]

Se «holder[nb], haldar[nn]».

halvfabrikat

half finished goods, semiproducts (en) bealledagahat (se) halvfabrikat (sv) puolivalmiste (fi)

(nb): produkt som skal foredlas vidare, for eksempel støpt emne

halvleder[nb], halvleiar[nn]

semiconductor (en) beallejođadas (se) halvledare (sv) puolijohde (fi)

(nb): en elektrisk leder med ledningsevne i området mellom metallers og isolatorers ledningsevne

halvleiar[nn]

Se «halvleder[nb], halvleiar[nn]».

halvrundfil

half-round file (en) beallejorbafiilu (se) halvrundfil (sv) puolipyöreä viila (fi)

(nb): fil der eine sida er flat og andre ein sirkelsektor

hammar[nn]

Se «hammer[nb], hammar[nn]».

hammer[nb], hammar[nn]

hammer (en) veažir (se) hammare (sv) vasara (fi)

(nb): bankereidskap med lett skaft og tungt slaghovud

handtak

Se «skaft, handtak, håndtak[nb]».

handverkar[nn]

Se «håndtverker[nb], handverkar[nn]».

harddisk

Se «platelager, harddisk».

hardhet[nb], hardleik[nn]

hardness (en) garasvuohta, garradat (se) hårdhet (sv) kovuus (fi)

(nb): evne hos eit fast materiale til å gjøre motstand mot inntrenging av fremmede legemer

hardleik[nn]

Se «hardhet[nb], hardleik[nn]».

hardlodde

braze (en) garrajugahit (se) hårdlöda (sv) kovajuottaa (fi)

(nb): lodding ved oppvarming over 450°C

hardmetall

hard metal (en) garrametálla (se) hårdmetall (sv) kovametalli (fi)

(nb): sintra materiale med harde emne som hovudkomponent og med metallisk bindefase, brukas til skjær for sponskjæring

harv

harrow (en) hárva (se) harv (sv) äes, karhi (fi)

(nb): redskap med pinner eller skiver for jordbearbeiding

haspel

reel, swift, capstan (en) vikša (se) haspel (sv) kela, vintturi (fi)

(nb): åpen vinde, trommel

hastighet[nb], fart

speed, rate, velocity (en) leaktu, leahttu (se) hastighet (sv) nopeus, vauhti (fi)

(nb): tilbakelagt veg pr. tidseining

hastighetsmåler[nb], fartsmåler[nb], fartsmålar[nn]

speedometer (en) leaktomihtádas (se) hastighetsmätare (sv) nopeusmittari (fi)

(nb): måleinstrument for fart

hein

Se «bryne, hein, brynestein».

heine

Se «bryne, heine».

heining

Se «bryning, heining».

heisekran

Se «kran, heisekran».

hellingsvinkel

rake, tool cutting edge inclination (en) smilčečiehka (se) lutningsvinkel (sv) kallistuskulma (fi)

(nb): vinkol på skjæreverktøy

hendel, spak

handle, lever, bar (en) geavja (se) spak (sv) vipu (fi)

(nb): handtak til å regulere eller sette i funksjon ein reidskap / maskin

hengsel, hengsle

hinge (en) gižaldat (se) gångjärn (sv) sarana (fi)

(nb): metallbeslag i to delar som kan dreiias om ein tapp og som dør, vindauga o.l. er festa med

hengsle

Se «hengsel, hengsle».

herde

harden, temper (en) buoššodit, gállet (se) härda (sv) karkaista (fi)

(nb): behandle stål med varme og avkjøling for å endre strukturen og gjøre stålet hardere

herdelim, tokomponentlim

two component glue (en) buoššodanliibma, guovtteoasát liibma (se) härdlim, tvåkomponentlim (sv) kaksikomponenttiliima (fi)

(nb): lim av to komponentar som reagerer kjemisk med kvarandre

herdeomn[nn]

Se «herdeovn[nb], herdeomn[nn]».

herdeovn[nb], herdeomn[nn]

hardening furnace, tempering furnace (en) buoššodanomman (se) härdugn (sv) karkaisu-uuni (fi)

(nb): omn for oppvarming av stål til herdetemperatur

herding

hardening, tempering (en) buoššodeapmi, gállen (se) härdning (sv) karkaisu (fi)

(nb): varmebehandling av stål for å gjøre det hardere

hevarm, hevstang[nb], hevstong[nn], vippe

lever (en) loktenstággu (se) hävstång (sv) vipu, vipuvarsi (fi)

(nb): stang som ved hjelp av vektstangprinsippet kan løfte noko som er på andre sida av eit opplagringspunkt

hevstang[nb]

Se «hevarm, hevstang[nb], hevstong[nn], vippe».

hevstong[nn]

Se «hevarm, hevstang[nb], hevstong[nn], vippe».

hjul

wheel (en) juvla, ráttis (se) hjul (sv) pyörä (fi)

(nb): rund skive eller ring som roterer om ein aksling

hjulkryss, kryss, felgkryss

wheel nut wrench (en) ruossa (se) fälgnyckel (sv) ristikkoavain (fi)

(nb): skruvektøy med fire faste koppar på skaft som går i kryss

holder[nb], haldar[nn]

holder (en) doalan (se) hållare (sv) pidin, kiinnitin (fi)

(nb): innretning til å sette / halde fast eit verktøy eller eit arbeidsstykke

holpipe[nn]

Se «hullpipe[nb], holpipe[nn]».

holsirkel[nn]

Se «hullsirkel[nb], holsirkel[nn]».

holtong[nn]

Se «hulltang[nb], holtong[nn]».

hone

hone (en) hunet (se) hona (sv) hoonata, laahia (fi)

(nb): finslipe sylinder innvendig med roterande brynesteinar eller roterande aksel utvendig med faste brynesteinar

horisontal

Se «vannrett[nb], vassrett[nn], horisontal».

horisontalfresemaskin

horisontal milling machine, plain milling machine (en) vealujursanmašiidna (se) horisontalfräsmaskin, planfräsmaskin (sv) tasojyrsinkone (fi)

(nb): fresemaskin med horisontal fresespindel

horn, signalhorn

horn, signal horn (en) jietnadorve (se) signalhorn (sv) torvi, äänitorvi (fi)

(nb): signalinstrument for lyd på bil

hovedegg[nb], hovudegg[nn]

major cutting edge, main cutting edge (en) váldoávju, oaiveávju (se) huvudskäregg, huvudegg (sv) pääleikkuusärmä (fi)

(nb): den viktigaste skjærande eggen på eit skjæreverktøy

hovtang[nb], hovtong[nn], tversavbiter[nb], tversavbitar[nn]

nail puller, nippers, pincers (en) gazzadoaŋggat, lihtdoaŋggat (se) hovtång (sv) hohtimet (fi)

(nb): knipetong, avbitartong med tverregger

hovtong[nn]

Se «hovtang[nb], hovtong[nn], tversavbiter[nb], tversavbitar[nn]».

hovudegg[nn]

Se «hovedegg[nb], hovudegg[nn]».

hullpipe[nb], holpipe[nn]

hollow punch (en) ráiganbiipu (se) hålstans, huggpipa (sv) reikämeisti, lävistin (fi)

(nb): verktøy for å slå ut hol i pakningsmateriale

hullsirkel[nb], holsirkel[nn]

pitch circle of bolt holes (en) ráigegierdu (se) hålcirkel (sv)

(nb): sirkel med eit visst antal hol i holskive på delehovud

hulltang[nb], holtong[nn]

punch, revolving punch pliers (en) ráiganbasttat (se) håltång (sv) reikäpihdit (fi)

(nb): tang for å klippe hol i tynne materiale

hurtigstål, snøggstål[nn]

high-speed steel (en) spáitastálli (se) snabbstål (sv) pikateräs (fi)

(nb): stål beregnet for skjærende verktøy som dreiestål. freser, bor osv. Høyt innhold av W, eventuelt Mo, Cr og Va

hydraulikk

hydraulics (en) hydraulihkka (se) hydraulik (sv) hydrauliikka, neste- (fi)

(nb): læra om væsker i rørsle

hydraulisk

hydraulic (en) hydraulalaš (se) hydraulisk (sv) hydraulinen (fi)

(nb): som gjeld væsker i rørsle

hylse

Se «bøssing, hylse».

høgderissar[nn]

Se «høyderisser[nb], høgderissar[nn], rissefot».

høgresveising[nn]

Se «motsveising, høyresveising[nb], høgresveising[nn]».

høgtrykk[nn]

Se «høytrykk[nb], høgtrykk[nn]».

høgtrykkspylar[nn]

Se «høytrykkspyler[nb], høgtrykkspylar[nn]».

hørselsvern

ear protection, hearing protection (en) bealljesuojan, gullosuojan (se) hörselskydd (sv) kuulonsuojain (fi)

(nb): personlig verneutrustning for å verne høreorgana mot skadelig lyd

høvel

plane (en) heavval (se) hyvel (sv) höylä (fi)

(nb): sponskjærende verktøy for planering av overflater

høvelbenk

carpenter's bench, planing bench (en) heavvalbeaŋka (se) hyvelbänk (sv) höyläpenkki (fi)

(nb): benk for oppspenning av trematerialer for bearbeiding med handverktøy

høvelmaskin

planer, shaper, planing machine, shaping machine (en) heavvalmašiidna (se) hyvelmaskin (sv) höyläkone (fi)

(nb): maskin for planing av flater ved sponskjæring

høvle

plane (en) heavvalasttit (se) hyvla (sv) höylätä (fi)

(nb): plane flate ved sponskjæring

høyballepresse

hay press (en) suoidnespábbačárvvon (se) rundbalspress, balpress (sv) paalain (fi)

(nb): reiskap for pressing/rulling av høy til ballar

høyderisser[nb], høgderissar[nn], rissefot

surface gauge, marking gauge (en) allodatsárggon (se) ritskubb (sv) piirrotuskelkka, suuntapiirrin (fi)

(nb): risseverktøy med plan fot og søyle der rissenål kan stilles i ønska høgde

høyresveising[nb]

Se «motsveising, høyresveising[nb], høgresveising[nn]».

høysvans

hay rake, buckrake (en) traktordáigu (se) hösvans (sv) heinähäntä (fi)

(nb): traktorreiskap til å samle og tranportere høy med

høytrykk[nb], høgtrykk[nn]

high pressure (en) alladeatta (se) högtryck (sv) korkeapaine (fi)

(nb): trykk på mange atmosfærer i tekniske systemer med væske eller gass

høytrykkspyler[nb], høgtrykkspylar[nn]

high pressure cleaner (en) alladeattacirggon (se) högtrycksaggregat (sv) painepesuri, korkeapainepesulaite (fi)

(nb): apparat for reingjøring med spyling av vatn under høgt trykk

håndtak[nb]

Se «skaft, handtak, håndtak[nb]».

håndtverker[nb], handverkar[nn]

craftsman, crafter, artisan (en) duojár (se) hantverkare (sv) käsityöläinen (fi)

(nb): person som driv med eit handverk

hårnål

Se «fjærsplint[nb], fjørsplint[nn], hårnål».

hårrørs-

Se «kapillarvirkning[nb], hårrørs-, -verknad[nn]».

ikke-gå-grense[nb], ikkje-gå--grense[nn]

non-acceptance limit (en) garvinrádji (se)

(nb): nedre grensemål for aksel og øvre grensemål for boring

ikkje-gå-grense[nn]

Se «ikke-gå-grense[nb], ikkje-gå-grense[nn]».

illuminans

Se «belysning, illuminans».

impuls

impulse (en) impulsa (se) impuls (sv) impulssi (fi)

(nb): kortvarig forandring i en strømkrets

inaktiv gass, inert gass

inert gas (en) doaimmahis gássa (se) inert gas (sv) inerttikaasu (fi)

(nb): gass som ikke lett inngår kjemiske forbindelser med andre stoffer; om sveisegass: som beskytter smeltebadet men ikke reagerer med metallet

induksjon

induction (en) indukšuvdna (se) induktion (sv) induktio (fi)

(nb): spenning i en krets som følge av endringer i det elektriske eller magnetiske felt

induktiv

inductive (en) induktiivalaš (se) induktiv (sv) induktiivinen (fi)

(nb): som bygger på induksjon

indusere

induce (en) induseret (se) inducera (sv) indusoida (fi)

(nb): lage spenning i en krets ved hjelp av endringer i det elektriske eller magnetiske felt

inert gass

Se «inaktiv gass, inert gass».

injeksjon, innsprøyting

injection (en) cirgun (se) insprutning (sv) ruiskutus (fi)

(nb): innsprøyting, for eksempel av brennstoff i sylinder

injektor

injector (en) cirgoventiila (se) insprutningsventil (sv) ruiskutusventtiili (fi)

(nb): ventil for innsprøyting for eksempel av brennstoff i sylinder

innerring

inner ring, inner race (en) sisriekkis (se) innerring, inre lagerring (sv) laakerin sisäkehä (fi)

(nb): den indre ringen i eit rullingslager

inngrep

engagement, mesh (en) roahkkohus (se) ingrepp (sv) kosketus (fi)

(nb): grep som en maskindel (som regel tannhjul) utøver på en annen maskindel; mål for størrelsen på slikt inngrep

inngrepstid

čuohppanáigi (se) ingreppstid (sv) koskenaika (fi)

(nb): om skjæreverktøy: den tida verktøyet skjærer

innsmelting

weld penetration (en) sisasuddan, sisasuddadeapmi (se) inträngning (sv) tunkeuma (fi)

(nb): smeltebadets inntrenging i arbeidsstykket

innsprøyting

Se «injeksjon, innsprøyting».

innstillingsvinkel

setting angle, cutting edge angle (en) čuohppanávjučiehka (se) ställvinkel (sv) asetuskulma (fi)

(nb): skjæreverktøyets angrepsvinkel i forhold til arbeidsstykket

innsuging, sug

suction, inlet (en) njamman (se) sug (sv) imu (fi)

(nb): inntak av luft i forbrenningsmotor eller lufteanlegg

installere

install (en) sajáiduhttit, sajálduhttit (se) installera (sv) asentaa, installoida (fi)

(nb): legge inn programvare i datamaskin

interferens

interference (en) interferensa (se) interferens (sv) interferenssi (fi)

(nb): samverknad mellom to eller fleire bølgerørsler

intervall

interval (en) áigodat (se) intervall (sv) väliaika, väli (fi)

(nb): tid mellom impulser eller signaler

isolasjon

isolation, insulation (en) erren, guđju (se) isolation (sv) eristys (fi)

(nb): vern mot elektrisk straum, kulde, varme eller lyd

isolasjonstape

Se «isolerband, isolasjonstape».

isolator

insulator, separator (en) erreldat (se) isolator (sv) eriste, eristin (fi)

(nb): materiale som ikke leder elektrisk strøm

isolerband, isolasjonstape

insulating tape, friction tape (en) errenbáddi (se) isolerband (sv) eristysnauha (fi)

(nb): limband for isolasjon av elektrisk leiar

isolere

isolate, insulate (en) erret (se) isolera (sv) eristää (fi)

(nb): bruke ikke-ledende materiale til å hindre at elektrisk strøm, varme eller lyd sprer seg i uønska retning

jamvekt

Se «balanse, likevekt, jamvekt».

jekk

jack (en) duŋke, jeahkka (se) domkraft (sv) nosturi, tunkki (fi)

(nb): pumpe- eller skruemekanisme til å løfte tunge ting

jekketralle

hand pallet truck (en) loktenvávdna (se) gaffellyftvagn (sv) nostovaunu (fi)

(nb): handdreve tralle med hydraulisk løfting for transport av pallar

jern

iron (en) ruovdi (se) järn (sv) rauta (fi)

(nb): Fe, grunnstoff

jernmalm

iron ore (en) ruovdemálbma (se) järnmalm (sv) rautamalmi (fi)

(nb): malm som inneheld jern

jigg

jig (en) valljudanmálle (se) jigg (sv) ohjain, malline, jiki (fi)

(nb): innretning til å halde eit arbeidsstykke på plass i samband med masseproduksjon

jorde

earth, ground, bond (en) ednet (se) jorda (sv) maadoittaa (fi)

(nb): kople elektrisk anlegg til jord

jording

earthing, grounding, bonding (en) ednen (se) jordning (sv) maadoitus (fi)

(nb): innretning som koplar ein elektrisk ledningsdel til jord

jordingsledning[nb]

Se «jordledning[nb], jordingsledning[nb], jordleidning[nn], jordingsleidning[nn]».

jordingsleidning[nn]

Se «jordledning[nb], jordingsledning[nb], jordleidning[nn], jordingsleidning[nn]».

jordledning[nb], jordingsledning[nb], jordleidning[nn], jordingsleidning[nn]

earth wire, earth lead, earth conductor (en) ednenjođas (se) jordledare (sv) maajohdin, maadoitusjohdin ukkosenjohdin (fi)

(nb): ledning som kopler elektrisk anlegg til jord

jordleidning[nn]

Se «jordledning[nb], jordingsledning[nb], jordleidning[nn], jordingsleidning[nn]».

justere

adjust (en) dárkilastit (se) justera (sv) tarkistaa (fi)

(nb): stille inn nøye

justering

adjusting, adjustment (en) dárkilastin (se) justering (sv) tarkistus (fi)

(nb): nøyaktig innstilling

justeringsskrue, stillskrue

adjusting screw, set screw (en) stellenskruvva (se) justerskruv, ställskruv (sv) säätöruuvi (fi)

(nb): skrue for trinnlaus regulering av noko

kabel

Se «ledning[nb], leidning[nn], kabel».

kabelsko

cable clip, cable shoe (en) jođasgáma (se) kabelsko (sv) johtimen liitin, kaapelikenkä (fi)

(nb): flatt kontaktstykke festa til ledningsende

kabelskotang, kabelskotong[nn]

stripping pliers (en) jođasgámabasttat (se) kabelskotång (sv) kaapelikenkäpihdit (fi)

(nb): tang for å fjerne isolasjon frå elektriske leidningar og montere kabelsko

kabelskotong[nn]

Se «kabelskotang, kabelskotong[nn]».

kaldsag

cold saw (en) čoaskasahá (se) kallsåg (sv) kylmäsaha (fi)

(nb): elektrisk sag for metall med rett sagblad, att- og framrørsle og kjøling

kalibrere

calibrate (en) kalibreret (se) kalibrera (sv) kalibroida (fi)

(nb): innstilling av måleinstrument for at resultatene skal stemme overens med visse verdier

kamaksel

camshaft (en) njunneáksil (se) kamaxel (sv) nokka-akseli (fi)

(nb): hjelpeaksel med kamskiver som styrer visse rørsler i maskinar, eks. ventilrørsla i motor

kamstål

Se «armeringsstål, kamstål».

kapasitet

capacity (en) kapasitehta, nákca (se) kapacitet (sv) kapasiteetti (fi)

(nb): en kondensators evne til å lagre elektrisk spenning

kapasitiv

capacitive (en) kapasitiivalaš (se) kapacitiv (sv) kapasitiivinen (fi)

(nb): om tenning: ved hjelp av kondensator

kapillarvirkning[nb], hårrørs-, -verknad[nn]

capillary action (en) vuoktabohccedoaibma, kapillardoaibma (se) kapillaritet,hårrörsverkan (sv) hiusputki-ilmiö, kapillaari-ilmiö (fi)

(nb): det fenomen at væska i eit tynt rør stig over væska utafor røret

karbon, kull[nb], kol[nn]

carbon, coal (en) čađđa, karbon (se) kol (sv) hiili (fi)

(nb): C, grunnstoff

kardang

cardan joint (en) kardaŋga (se) kardanknut (sv) nivel (fi)

(nb): kopling mellom ein drivande og ein dreven aksling der vinkelen mellom dei to akslingane kan endre seg

karosseri

body (en) goavdi (se) kaross, karosseri (sv) kori (fi)

(nb): overbygnad på motorvogn

kast, eksentrisitet

eccentricity, run-out (en) skieivun (se) kast (sv) heitto (fi)

(nb): kor mye overflata av ein sylinder radialt varierer i avstand til aksen eller aksialt vik av frå eit plan vinkelrett på aksen

katalog

directory (en) ohcu (se) katalog, bibliotek (sv) hakemisto (fi)

(nb): samling av filer og eventuelt andre katalogar på eit datalagringsmedium

kavitasjon

cavitation (en) kavitašuvdna (se) kavitation (sv) kavitaatio (fi)

(nb): angrep på et materiale i forbindelse med dannelse og sammenklapping av gassblærer i en væske ved grenseflaten mot et materiale

kilereim

Se «kilreim, kilereim».

kile, sporkile

wedge, machine key (en) lohti (se) kil (sv) kiila (fi)

(nb): løysbar metallbit mellom to maskindelar; kløyvereiskap for tre

kilreim, kilereim

conebelt, V-belt (en) lohteruopma (se) kilrem (sv) kiilahihna (fi)

(nb): reim for kraftoverføring med kileforma tverrsnitt

kilspor

keyway, key groove, key bed (en) lohteluodda (se) kilspår (sv) kiilaura (fi)

(nb): spor i aksling eller boring som styring for kile

kilsporfres

keyway cutter (en) lohtegurrajurssan (se) kilspårsfräs (sv) kiilauranjyrsin (fi)

(nb): sylindrisk fres med to eller tre skjær for fresing av kilspor

kilsporhøvel, trekkbrosj

spline shaper, broach (en) lohtegurraheavval, lohteluoddaheavval (se) kilspårshyvel, kilspårfräs, dragbrotsch (sv) kiilauranhöylä (fi) (nb): skjæreverktøy for innvendig kilspor, stang med mange skjær, brukes i presse

kilsveis

fillet weld (en) lohtesveisa (se) kälsvets (sv) pienahitsi (fi)

(nb): sveis som i tverrsnitt har kileform

kjede

chain (en) viđji, láhkki (se) kedja (sv) ketju (fi)

(nb): metallband samansatt av ledd

kjededrift

chain drive (en) viđjedoaibma (se) kedjedrift (sv) ketjukäyttö (fi)

(nb): overføring av kraft ved hjelp av kjeder og kjedehjul

kjedehjul

chain wheel (en) viđjejuvla (se) kedjehjul (sv) ketjupyörä (fi)

(nb): tanna hjul for kjededrift

kjedelås

chain lock (en) viđjelássa, viđjelohkka (se) kedjelås (sv) ketjulukko (fi)

(nb): demonterbart kjedeledd

kjemisk forbindelse[nb], kjemisk sambinding[nn]

chemical combination, chemical compound (en) kemiijalaš ovttastus (se) kemisk förening (sv) kemiallinen sidos (fi)

(nb): stoff av fleire grunnstoff, men einsarta molekyl

kjemisk sambinding[nn]

Se «kjemisk forbindelse[nb], kjemisk sambinding[nn]».

kjerringkjeft

Se «spikertrekker[nb], spikartrekkjar[nn], kjerringkjeft».

kjetting

chain (en) gehtegat (se) kätting (sv) ketjut (fi)

(nb): grov kjede av ringforma lenker som er hekta inn i kvarandre

kjoks, chuck

chuck (en) giddehat (se) chuck (sv) istukka (fi)

(nb): sjølvsentrerande oppspenningsverktøy med bakkar, oftast tre

kjoksnøkkel

chuck wrench (en) giddehatčoavdda (se) chucknyckel (sv) istukka-avain (fi)

(nb): nøkkel for oppspenning av arbeidsstykke i kjoks

kjølesystemtestar[nn]

Se «kjølesystemtester[nb], kjølesystemtestar[nn]».

kjølesystemtester[nb], kjølesystemtestar[nn]

densimeter (en) čoaskudanrusttetiskkan (se) täthetsmätare (sv) jäähdyttimen koestuslaite (fi)

(nb): testinstrument for å kontrollere om kjølesystemet på en forbrenningsmotor er tett

kjølevæske

coolant (en) čoaskudannjalbi (se) kylvätska (sv) jäähdytysneste (fi)

(nb): væske for kjøling / smøring ved sponskjæring

kjøretøy

vehicle (en) vuodjinfievru (se) fordon (sv) ajoneuvo (fi)

(nb): innretning til å kjøre med

kjørnar[nn]

Se «kjørner[nb], kjørnar[nn]».

kjørner[nb], kjørnar[nn]

centre punch, punch (en) merkenluovččan, merkendurra (se) körnare (sv) pistepuikko (fi)

(nb): spist stålstykke til å sette merke på arbeidsstykke av metall

klangprøve

sound testing (en) šuokŋaiskan (se) klangkontroll (sv) koputuskoe (fi)

(nb): test av slipeskive, ved å holde skiva laust og slå på den, vil man av klangen høre om det er sprekk i skiva

klaringsflate, friflate

clearance surface, flank (en) gaskaolggoš (se) släppningsyta (sv) päästöpinta (fi)

(nb): flata under skjæreeggen

klaringsvinkel, frivinkel

clearance angle, relief angle (en) gaskačiehka (se) släppningsvinkel (sv) päästökulma (fi)

(nb): vinkelen under skjæreeggen

klemhylse

adapter sleeve, clamping bush (en) čárvenskuohppu (se) klämhylsa (sv) puristusholkki (fi)

(nb): hylse som tres innpå en aksling og strammes for å holde denne fast

klemjern

clamp, clamping plate (en) čárvenruovdi (se) spännklov (sv) puristusrauta (fi)

(nb): jernstykke for oppspenning av arbeidsstykke til arbeidsbord

klinke

rivet (en) duorrat (se) nita (sv) niitata (fi)

(nb): hamre til enden på metallnagle slik at naglen kan halde to deler saman

klinknagle

Se «nagle, klinknagle».

kloakkrør

Se «avløpsrør, kloakkrør».

klokopling

claw coupling (en) gazzalakta (se) klokoppling (sv) kynsikytkin (fi)

(nb): løysbar kopling med klør eller tenner som grip inn i kvarandre

klubbe

mallet, beetle (en) šluppot (se) klubba (sv) nuija (fi)

(nb): bankereiskap med sylinderforma hovud på skaft

kløtsj, kopling

clutch (en) lavtta (se) koppling (sv) kytkin, liitin (fi)

(nb): kopling mellom motor og transmisjon i motorkjøretøy eller motorreidskap

knekke, bukke

fold (en) máhccut (se) vecka (sv) taivuttaa, taittaa (fi)

(nb): bøye plate med liten bøyeradius for å få en bestemt profil

knekkemaskin, bukkemaskin

folding machine, trimming machine (en) máhccunmášiidna (se) falsmaskin (sv) särmäyskone, taivutuskone, laskostuskone (fi)

(nb): maskin for knekking av tynne plater

kniv

knife (en) niibi (se) kniv (sv) veitsi (fi)

(nb): skjæreverktøy eller skjærande del i maskin

knivrygg, øksehammer[nb], øksehammar[nn]

back edge of knife (en) šimir (se) knivrygg (sv) hamara (fi)

(nb): flat rygg på kniv eller øks

knivstål

knife tool (en) niibestálli (se) knivstål (sv) veitsiterä (fi)

(nb): dreiestål for findreiing / ansatsdreiing

koks

coke (en) koksa (se) koks (sv) koksi (fi)

(nb): energivare fremstilt av kull som oppvarmes uten tilgang på oksygen

kol[nn]

Se «karbon, kull[nb], kol[nn]».

kombinasjonsnøkkel

Se «stjernefastnøkkel, kombinasjonsnøkkel».

kombinasjonstang[nb], universaltang[nb], -tong[nn]

combination pliers (en) lotnolasbasttat (se) kombinationstång (sv) yleispihdit (fi)

(nb): tang for å halde og for å klippe

kombinasjonsvinkel

universal setting gauge (en) lotnolasviŋkil (se) yleiskulmamittain (fi)

(nb): vinkel som kan brukas både som gradvinkel, ansatsvinkel og sentrumsvinkel

kompensere

compensate (en) buhtadit (se) kompensera, utjämna (sv) hyvittää, korvata, tasata, kompensoida (fi)

(nb): oppveie

kompresjon

compression (en) komprešuvdna, čárva (se) kompression (sv) puristus (fi)

(nb): samantrykking, samanpressing

kompresjonsmålar[nn]

Se «kompresjonsmåler[nb], kompresjonsmålar[nn]».

kompresjonsmåler[nb], kompresjonsmålar[nn]

compression gauge, compression tester (en) komprešuvdnamihtádas, čárvamihtádas (se) kompressionsmätare (sv) puristuspainemittari (fi)

(nb): måleinstrument til å måle trykket i sylinder på forbrenningsmotor

kompressor

compressor (en) kompressor (se) kompressor (sv) kompressori (fi)

(nb): maskin som komprimerer luft til høgt trykk

komprimere

compress (en) čárvet, komprimeret (se) komprimera (sv) puristaa kokoon (fi)

(nb): trykke saman

kon

taper, cone (en) lávvolat, čohkolaš (se) kona (sv) kartio (fi)

(nb): kjegleforma, gjenstand med rundt tverrsnitt og jamnt aukande diameter

kondens

condensate (en) kondeansa (se) kondens (sv) kondenssi, lauhde (fi)

(nb): damp som har blitt til væske

kondensator

condenser, capacitor (en) kondensáhtor (se) kondensator (sv) kondensaattori (fi) (nb): apparat til å lagre elektrisitet, to straumførande leiarar som er skilt av eit dielektrikum

kondensering

condensation (en) kondenseren (se) kondensering (sv) kondensointi, lauhtuminen (fi)

(nb): overgang fra gassform til væskeform

kondensfjernar[nn]

Se «kondensfjerner[nb], kondensfjernar[nn]».

kondensfjerner[nb], kondensfjernar[nn]

condensed water remover (en) kondeansajávkkadas, denna (se) karburatorsprit (sv) (polttoaineen) jäänestoaine (fi)

(nb): alkoholholdig væske som tilsettes brennstoff i forbrenningsmotorer for å unngå kondens.

kondreiing, konisk dreiing

taper turning (en) lávvolatvárven, čohkolašvárven (se) konsvarvning (sv) kartiosorvaus (fi)

(nb): dreiing av koniske gjenstander

konisk

conical, coned, tapered, coniform (en) lávvolat, čohkolaš (se) konisk (sv) kartiokas (fi)

(nb): kjegleforma

konisk dreiing

Se «kondreiing, konisk dreiing».

konisk tannhjul

bevel gear (en) lávvolat bátnejuvla (se) koniskt kugghjul (sv) kartiohammaspyörä (fi)

(nb): kjegleforma tannhjul

konpinne

taper pin (en) čohkkosággi (se) konpinne (sv) kartiotappi (fi)

(nb): kjegleforma låsepinne

konstruksjon

design, construction (en) ráhkadus, konstrukšuvdna (se) konstruktion (sv) rakenne, konstruktio (fi)

(nb): måten noko er satt saman på, noko som er satt saman av fleire delar

konstruksjonsstål

construction steel, structural steel (en) ráhkadusstálli (se) konstruktionsstål (sv) rakenneteräs (fi)

(nb): ulegert eller låglegert stål som brukas til konstruksjonar som bruer, husbygging, maskinstativ osv.

kontakt

Se «stikkontakt, kontakt».

kontaktavstand

Se «kontaktåpning[nb], -opning[nn], kontaktavstand».

kontaktor

contactor (en) kontaktor (se) kontaktor (sv) kontaktori (fi)

(nb): elektromagnetisk styrt bryter

kontaktåpning[nb], -opning[nn], kontaktavstand

contact gap (en) oktavuođagoavki (se) kontaktavstånd (sv) katkojan kärkiväli (fi)

(nb): avstand mellom kontaktflatene ved helt åpen kontakt, for eksempel i platinastifter

kontramutter

counter nut, locknut (en) vuostemuhtter (se) kontramutter (sv) vastamutteri (fi)

(nb): mutter som blir skrudd mot ein hovudmutter for å sikre denne

kontroll

inspection, control (en) dárkkistus (se) kontroll (sv) tarkastus (fi)

(nb): tilsyn, ettersyn, undersøkelse av om mål eller funksjon er i samsvar med visse krav

kontrollere

control (en) dárkkistit (se) kontrollera (sv) tarkastaa (fi)

(nb): undersøke om noe er i orden

konverter

converter (en) konverter (se) konverter (sv) konvertteri (fi)

(nb): omformar, utstyr for for eksempel omforming av strøm eller omn for å smelte om råjern til stål

koordinat

coordinate (en) koordináhta (se) koordinat (sv) koordinaatti (fi)

(nb): en av de størrelsene som angir et punkts beliggenhet

kopar[nn]

Se «kopper[nb], kopar[nn]».

kople

couple (en) laktit, goallustit (se) koppla (sv) kytkeä, liittää (fi)

(nb): skjøte sammen deler

kopling

Se «kløtsj, kopling».

kopling

coupling (en) lavtta, goallus (se) koppling (sv) liitin, kytkin (fi)

(nb): løsbar forbindelse mellom to maskindeler

koplingsskjema

wiring diagram, circuit diagram (en) laktingovus, goallustingovus (se) kopplingsschema, kretsschema (sv) kytkentäkaavio, kaaviopiirros (fi)

(nb): teikning som viser ein elektrisk, hydraulisk eller pneumatisk krets

kopper[nb], kopar[nn]

copper (en) veaiki (se) koppar (sv) kupari (fi)

(nb): Cu, grunnstoff

koppnøkkel, pipenøkkel

box wrench, socket wrench (en) gohppočoavdda (se) hylsnyckel (sv) hylsyavain (fi)

(nb): skrunøkkel med lause koppar

kopp, pipe

box, socket (en) gohppu (se) hylsa (sv) hylsy (fi)

(nb): innvendig seks- eller tolvkanta skruverktøy med firkanta tilkopling til handtak

kornstorleik[nn]

Se «kornstørrelse[nb], kornstorleik[nn]».

kornstørrelse[nb], kornstorleik[nn]

grain size (en) gordnesturrodat (se) kornstorlek (sv) raekoko (fi)

(nb): størrelse på slipekorn

korrosjon

corrosion (en) korrošuvdna (se) korrosion (sv) korroosio, syöpyminen (fi)

(nb): angrep på materiale gjennom kjemisk eller elektrokjemisk reaksjon med omgivande medium, særlig ved oksydering

kortslutning

short-circuit (en) njuolggogidden, njuolggolaktin (se) kortslutning (sv) oikosulku (fi)

(nb): altfor sterk straumgang mellom polane på ei straumkjelde når motstanden i leidningane blir svært liten, t.d. pga. feil i isolasjonen

kraftarm, leddhandtak

swivel handle, swivel rod (en) fápmonađđa (se) ledhandtag (sv) nivelväännin (fi)

(nb): handtak til skruverktøy, for eksempel koppnøkkel

kraftavbitar[nn]

Se «kraftavbiter[nb], kraftavbitar[nn], boltsaks».

kraftavbiter[nb], kraftavbitar[nn], boltsaks

bolt cutter, multipower end cutting nippers (en) fápmočuohpan (se) bultsax, kraftavbitare (sv) voimaleikkurit, pulttisakset (fi)

(nb): kraftig avbitertang med utveksling

kraftoverføring

power transmission (en) fápmosirdin (se) kraftöverföring (sv) voimansiirto (fi)

(nb): overføring av kraft frå motor til drivhjul

kraftuttak

power drive (en) fápmoválddahat (se) kraftuttag (sv) voimanottolaite, voiman ulosotto (fi)

(nb): akseltapp som står i samband med motoren og som overfører kraft til arbeidsmaskin

krage

Se «ansats, krage».

kraging

Se «utkraging, kraging».

kran

cock, tap, faucet (en) hátna (se) kran (sv) hana (fi)

(nb): tappe- og stengemekanisme på rør eller beholdar for gass eller væske

kran, heisekran

crane (en) lovtton, vinta (se) lyftkran (sv) nosturi (fi)

(nb): innretning til å løfte og flytte tunge ting

kronemutter

castle nut, castellated nut (en) ruvdnomuhtter (se) kronmutter (sv) kruunumutteri (fi)

(nb): mutter som har radielle spor for låsing med splint

krumpassar[nn]

Se «krumpasser[nb], fotpasser[nb], krumpassar[nn], fotpassar[nn]».

krumpasser[nb], fotpasser[nb], krumpassar[nn], fotpassar[nn]

pair of compasses, outside calipers (en) gierdomihtádas (se) krumpassare, krumcirkel (sv) länkiharppi (fi)

(nb): instrument med to rørlige bein til å overføre av innvendige eller utvendige mål

krympe

shrink (en) duohpahuvvat, duohpašuvvat (se) krympa (sv) kutistua (fi)

(nb): minske i format

krympe på

shrink on, crimp (en) duhppet (se) krympa på (sv) asentaa kutistamalla (fi)

(nb): montere hylse på aksling ved oppvarming og avkjøling

krymping

shrinking, shrinkage (en) duhppen (se) krympning (sv) kutistuminen, kutistuma (fi)

(nb): montering av hylse på aksling ved at hylsa oppvarmes slik at den utvides og blir stående fast ved at den krymper når den avkjøles

kryss

Se «hjulkryss, kryss, felgkryss».

kryssmeisel

cross chisel (en) ruossaluovččan (se) kryssmejsel (sv) ristitaltta (fi)

(nb): meisel der skjæreeggen er vinkelrett på sida av meiselen

kubein

Se «brekkjern, kubein».

kuldemontør

cooling system fitter (en) galmmihanmekanihkkár (se) kylmontör (sv) kylmäkonekorjaaja, kylmäkoneasentaja (fi)

(nb): fagarbeider som monterer og reparerer anlegg for kjøling og frysing

kule

ball (en) luođđa, jorbadas (se) kula (sv) kuula (fi)

(nb): lekam der kvart punkt på overflata har like stor avstand til sentrum

kulegrafittjern, seigjern

nodular cast iron (en) jorbagrafihttaruovdi (se) segjärn (sv) pallografiittirauta (fi)

(nb): støpejern hvor grafitten har kuleform

kulehaldar[nn]

Se «kuleholder[nb], kulehaldar[nn]».

kulehammar[nn]

Se «kulehammer[nb], kulehammar[nn]».

kulehammer[nb], kulehammar[nn]

ball hammer (en) jorbaveažir, duorranveažir (se) kulhammare (sv) kuulapäävasara (fi)

(nb): hammer der bakre del av hammerhodet har kuleform

kuleholder[nb], kulehaldar[nn]

ball cage, ball retainer (en) luođđadoalan (se) kulhållare (sv) kuulakehikko, kuulanpidin (fi)

(nb): holder for kuler i kulelager

kulelager

ball bearing (en) luođđaláger (se) kullager (sv) kuulalaakeri (fi)

(nb): lager med 1-2 rader med kuler mellom to ringar

kull[nb]

Se «karbon, kull[nb], kol[nn]».

kuttdjupn[nn]

Se «kuttdybde[nb], kuttdjupn[nn]».

kuttdybde[nb], kuttdjupn[nn]

cutting depth (en) čuohppančikŋodat (se) skärdjup (sv) leikkuusyvyys, lastuamissyvyys (fi)

(nb): mål på hvor djupe kutt man tar ved sponskjærende bearbeiding

kutteskive

cutting disc (en) čuohppanskearru (se) kapslipskiva (sv) katkaisulaikka (fi)

(nb): tynn slipeskive for kutting av materiale

lade

charge (en) gealdit (se) ladda (sv) ladata, varata (fi)

(nb): samle opp elektrisk energi i ein akkumulator eller kondensator

lager

bearing (en) láger (se) lager (sv) laakeri (fi)

(nb): maskindel som støttar eller fører ein roterande aksling

lagerhus

bearing housing (en) lágerbeassi (se) lagerhus, lagerbox (sv) laakeripesä (fi)

(nb): maskindel som rullingslager kan monteres i

lagerskål

bearing shell, bearing bush (en) lágergárri (se) lagerskål (sv) laakerikuori (fi)

(nb): halvdel av delt glidelager

lagre

save, record (en) vurket (se) lagra (sv) tallentaa (fi)

(nb): legge program eller informasjon inn i datalagringsmedium slik at ein seinare kan hente det fram igjen

lamell

plate (en) lamealla (se) lamell (sv) lamelli, levy (fi)

(nb): tynn plate, skive

laskskjøt[nb], laskskøyt[nn]

fish joint, junction plate, but strap (en) stielkalakta (se) skarvförbindning (sv) limittäisliitos, limiliitos, palstasovite (fi)

(nb): skjøt av plater ved at ei plate legges over skjøten så den dekker litt av begge, deretter nagles eller sveises

laskskøyt[nn]

Se «laskskjøt[nb], laskskøyt[nn]».

lausegg

Se «løsegg[nb], lausegg».

lavtrykk[nb], lågtrykk, undertrykk

low pressure, negative pressure, depression (en) vuollegisdeatta, vuolledeatta (se) lågtryck, undertryck (sv) alipaine, matalapaine (fi) (nb): trykk lågare enn atmosfæretrykket

leddhandtak

Se «kraftarm, leddhandtak».

leddnøkkel

swivel socket wrench (en) lađasčoavdda (se) ledhylsnyckel (sv) nivelavain (fi)

(nb): skrunøkkel med ledda hylser

leder[nb], leiar[nn]

conductor, conducting material (en) jođadas, jođasávnnas (se) ledare (sv) johde (fi)

(nb): stoff som leiar elektrisitet, varme, lyd

ledeskrue[nb], leieskrue[nn]

lead screw, leading screw (en) jođihanskruvva (se) ledarskruv (sv) johtoruuvi (fi)

(nb): skrue som leder en maskindel under arbeidet

ledning[nb], leidning[nn], kabel

cable, wire, cord (en) jođas (se) ledning, kabel (sv) johto, kaapeli (fi)

(nb): elektrisk leiar med isolasjon

legere

alloy (en) seaguhit (se) legera (sv) lejeerata, seostaa (fi)

(nb): smelte sammen metaller, evt metall med ikkjemetall

legering

alloy (en) metállaseaguhus, seaguhus, segohus (se) legering (sv) seos, metalliseos (fi)

(nb): samansmelting av to eller fleire grunnstoff der minst eit av dei er eit metall

leiar[nn]

Se «leder[nb], leiar[nn]».

leidning[nn]

Se «ledning[nb], leidning[nn], kabel».

leieskrue[nn]

Se «ledeskrue[nb], leieskrue[nn]».

lekk

Se «lekkasje, lekk».

lekkasje, lekk

leak, leakage (en) suođđu (se) läckage (sv) vuoto (fi)

(nb): det at gass slipp ut der den ikkje skal

lekkasje, lekk

leak, leakage (en) vuohču (se) läckage (sv) vuoto (fi)

(nb): det at væske slipp ut der den ikkje skal

lengdeutvidingskoeffisient

coefficient of linear thermal expansion (en) guhkidangorri (se) längdutvidgningskoefficient (sv) pituuslaajenemiskerroin (fi)

(nb): forholdet mellom lengdeutviding pr. temperaturauke og lengda

lepping

lapping (en) fierdin, snađđen (se) läppning (sv) hierto (fi)

(nb): finsliping ved at to flater gnis mot hverandre ved hjelp av et mellomliggende medium (leppepulver + leppeolje eller leppevæske)

lettmetall

light metal (en) geahpametálla (se) lättmetall (sv) kevytmetalli (fi)

(nb): metall med tetthet < 5

likerettar[nn]

Se «likeretter[nb], likerettar[nn]».

likeretter[nb], likerettar[nn]

rectifier (en) njuolggan (se) likriktare (sv) tasasuuntaaja (fi)

(nb): innretning som formar om vekselstrøm til likestrøm

likestraum[nn]

Se «likestrøm, likestraum[nn]».

likestrøm, likestraum[nn]

direct current (en) dásserávdnji (se) likström (sv) tasavirta (fi)

(nb): strøm som heile tida går i samme retning

likevekt

Se «balanse, likevekt, jamvekt».

lim

glue, cement (en) liibma (se) lim (sv) liima (fi)

(nb): klebrig væske eller masse til å binde saman stykke av tre, metall osv

lime

glue (en) liibmet (se) limma (sv) liimata (fi)

(nb): binde saman stykke av tre, metall osv ved hjelp av klebande væske

linjal

ruler (en) linjála (se) linjal (sv) viivain, viivoitin (fi)

(nb): plant rett lengdemål

lodde

solder (en) jugahit (se) löda (sv) juottaa (fi)

(nb): binde saman to metallstykke med eit tilsettmateriale som har lågare smeltepunkt enn grunnmaterialet

loddebolt

soldering iron (en) golve (se) lödkolv (sv) juotin, juottokolvi (fi) (nb): koparbolt til å varme opp arbeidsstykket med ved lodding

loddetinn

soldering tin (en) jugahandatni (se) lödtenn (sv) juottotina (fi)

(nb): legering av tinn og bly, brukas til mjuklodding

lodding

soldering (en) jugaheapmi, jugahahttin (se) lödning (sv) juottaminen (fi)

(nb): sammenføying av metallstykker ved tilsetting av metall med lavere smeltepunkt enn grunnmaterialet

loddrett, vertikal

perpendicular, vertical (en) ceaggut (se) lodrät, vertikal (sv) pystysuora, kohtisuora (fi)

(nb): i retning som jordgravitasjonen

lokke

Se «stanse, lokke».

luft(av)kjølt

air cooled (en) áibmočoaskuduvvon (se) luftkyld (sv) ilmajäähdytteinen (fi)

(nb): om motor: som har luft som kjølemiddel

luftfilter

air filter (en) áibmofilttar (se) luftfilter (sv) ilmansuodatin (fi)

(nb): anordning som fjerner faste partikler og/eller fremmede gasser i en luftstrøm

lufthammar[nn]

Se «(trykk)lufthammer[nb], lufthammar[nn], muttertrekker[nb]».

luftpistol

Se «blåsespiss, luftpistol».

lukka krets[nb]

Se «slutta strømkrets[nb], lukka krets[nb], slutta krins[nn], lukka krins[nn]».

lukka krins[nn]

Se «slutta strømkrets[nb], lukka krets[nb], slutta krins[nn], lukka krins[nn]».

lyddempar[nn]

Se «eksospotte, lyddemper[nb], lyddempar[nn]».

lyddemper[nb]

Se «eksospotte, lyddemper[nb], lyddempar[nn]».

lyddemper[nb], lyddempar[nn]

silencer, muffler, damper (en) jietnaváiddon (se) ljuddämpare (sv) äänenvaimennin (fi)

(nb): innretning som dempar lyden

lysboge[nn]

Se «lysbue[nb], lysboge[nn]».

lysbue[nb], lysboge[nn]

electric arc (en) čuovgadávgi (se) ljusbåge (sv) valokaari (fi)

(nb): intens, bogeforma loge av elektrisitet mellom to polar

lysnett

mains, power network, power grid (en) čuovgafierpmádat (se) elnät (sv) sähköverkko (fi)

(nb): nett av elektriske ledninger for vanlig forbruk, i regelen 220V

lyspære

bulb, lamp bulb (en) čuovgapeara, áhcagastinlámpá (se) glödlampa (sv) hehkulamppu (fi)

(nb): glasspære som gir elektrisk lys når den koples inn i en strømkrets

lære

Se «mal, sjablon, lære».

løpekatt

Se «traversvogn, løpekatt».

løpekran

Se «traverskran, løpekran».

løsegg[nb], lausegg

built-up edge (en) luovusávju (se) lösegg (sv) irtosärmä (fi)

(nb): materiale som sintrar seg fast på toppen av eggen på eit skjæreverktøy og dermed gjør at det skjærer dårligare

løsemiddel[nb], løysemiddel

solvent (en) luvvadanávnnas, luvvadat (se) lösningsmedel (sv) liuote, liuotinaine (fi)

(nb): væske som brukes til å løse de filmdannende stoffene i en maling eller lakk, og som fordamper under tørking

løs(n)e[nb], løyse[nn]

loosen (en) čoavdit (se) lossa (sv) hellittää (fi)

(nb): ta laus ein fastståande del, eks. skrue

løysemiddel

Se «løsemiddel[nb], løysemiddel».

løyse[nn]

Se «løs(n)e[nb], løyse[nn]».

lågtrykk

Se «lavtrykk[nb], lågtrykk, undertrykk».

låseblekk[nn]

Se «låseblikk[nb], låseblekk[nn]».

låseblikk[nb], låseblekk[nn]

securing plate (en) lássenbelle, -spelle, lohkkadan- (se) låsbleck (sv) lukituslevy, varmistuslevy (fi) (nb): tynn plate som plasseres under skruehode eller mutter og bøyes opp for å låse av mutteren

låsering, seegerring

locking ring (en) lássenriekkis, lohkkadanriekkis (se) låsring (sv) lukitusrengas (fi)

(nb): fjærende ring som har hull for tang og passer i spor på aksel eller i boring

låseringstang[nb], låseringstong[nn]

circlip pliers (en) lássenrieggabasttat, lohkkadanrieggabasttat (se) fjäderringstång (sv) lukkorengaspihdit (fi)

(nb): tang for montering / demontering av innvendig eller utvendig låsering

låseringstong[nn]

Se «låseringstang[nb], låseringstong[nn]».

låseskive

locking washer (en) lássenskearru (se) låsbricka (sv) lukkoaluslevy (fi)

(nb): underlagsskive med tenner i retning med skruens strammeretning

låsetang[nb]

Se «griptang[nb], låsetang[nb], gripetong[nn], låsetong[nn]».

låsetong[nn]

Se «griptang[nb], låsetang[nb], gripetong[nn], låsetong[nn]».

magnet

magnet (en) magnehta (se) magnet (sv) magneetti (fi)

(nb): gjenstand som produserer eit ytre magnetisk felt

magnetfelt, magnetisk felt

magnetic field (en) magnehtagieddi (se) magnetfält (sv) magneettikenttä (fi)

(nb): rom med mekaniske kraftfelt og elektriske induksjonsverknadar som er produserte av ein magnetisk kropp eller av elektriske ladningar i rørsle

magnetisk felt

Se «magnetfelt, magnetisk felt».

magnettenning

magnetoelectric ignition (en) magnehtacahkkeheapmi (se) magnettändning (sv) magneettisytytys (fi)

(nb): tenning av forbrenningsmotor ved hjelp av magneter

malm

ore (en) málbma (se) malm (sv) malmi (fi)

(nb): mineral som er kjemisk forbindelse av metall og ikke-metall

mal, sjablon, lære

gauge, jig, template (en) málle (se) schablon, mall (sv) malline, tulkki (fi)

(nb): flat modell som gir omrisset til ting som skal lagas

manifold, samlestokk, forgreiningsrør

manifold (en) suorgebohcci (se) manifold, samlingsrör, förgreningsrör (sv) pakosarja, imusarja (fi)

(nb): rør som fordeler/ samler til / fra forskjellige kurser i et røranlegg

manometer

Se «trykkmåler[nb], trykkmålar[nn], manometer».

mansjett

sleeve, collar (en) manšeahtta (se) skyddshylsa (sv) suojaholkki, kaulus (fi)

(nb): gummibelg som beskytter maskindeler

manuell

manual (en) giehtaanulaš (se) manuell (sv) käsikäyttöinen, käsi- (fi)

(nb): handdreve, ikkje maskinell

markør

cursor (en) seaván (se) markör (sv) kohdistin (fi)

(nb): merke på dataskjerm som viser kor på skjermen ein kan skrive eller utføre andre funksjonar, kan ha form som for eksempel blinkande firkant, strek eller pil

maskinere

machine (en) mašineret (se) bearbeta (sv) koneistaa (fi)

(nb): bearbeide ved bruk av maskiner

maskinering

machining (en) mašineren (se) maskinbearbetning (sv) koneistaminen (fi)

(nb): framstilling av produkter fra halvfabrikata ved maskinelle operasjoner som stansing, skjæring og sponskjærende bearbeiding

masomn[nn]

Se «masovn[nb], masomn[nn]».

masovn[nb], masomn[nn]

blast furnace (en) masomman, masuvdna (se) masugn (sv) masuuni (fi)

(nb): sjaktovn til å vinne ut råjern med

massetetthet

Se «tetthet[nb], tettleik[nn], densitet, massetetthet».

massiv

solid (en) dievaslaš (se) massiv (sv) täyteinen (fi)

(nb): kompakt, som er av fast materiale tvers gjennom

mate

feed (en) borahit (se) mata (sv) syöttää (fi)

(nb): føre fram noko som skal verke jamnt, særlig om bevegelse mellom verktøy og arbeidsstykke

mateaksel

feed rod (en) borahanáksil (se) matarspindel (sv) syöttöakseli (fi)

(nb): aksling som driv hovudsleiden på ein dreiebenk

matehjul

Se «palhjul, matehjul».

matepumpe

feed pump (en) borahanbumpa, seavdinbumpa (se) matarpump (sv) syöttöpumppu (fi)

(nb): pumpe som sørger for tilførsel av noe, for eksempel brensel til motor

materiale, emne

material (en) ávnnas (se) material, ämne (sv) aine, aines, materiaali (fi)

(nb): råstoff som skal tilverkas

mateskrue, skruetransportør

feed worm, screw feeder (en) borahanskruvva (se) skruvtransportör (sv) syöttöruuvi, ruuvikuljetin (fi)

(nb): skrue med store vinger for framføring av materiale i en kanal

mating

feed, advance (en) boraheapmi (se) matning (sv) syöttö (fi)

(nb): jamn framføring av noko, særlig om bevegelse mellom verktøy og arbeidsstykke

med-

Se «frasveising[nb], fråsveising[nn], med-, venstre-».

medbringer[nb], medtakar[nn]

carrier, collar (en) jorahanruovdi (se) medbringare (sv) vääntiö, väännin (fi)

(nb): klave klemd fast til arbeidsstykke fastspent mellom spissane i dreiebenk, klaven blir ført med rundt av medtakarskiva

medbringerskive[nb], medtakarskive[nn]

lathe carrier disc (en) jorahanskearru (se) medbringarskiva (sv) vääntiölaikka (fi)

(nb): rund skive fest til spindelen på dreibenk, brukt saman med medtakar

medfresing

climb milling, down milling (en) miehttejursan (se) medfräsning (sv) myötäjyrsintä (fi)

(nb): fresing der skjærerørsla har same retning som matingsrørsla

medtakar[nn]

Se «medbringer[nb], medtakar[nn]».

medtakarskive[nn]

Se «medbringerskive[nb], medtakarskive[nn]».

meisel

chisel (en) luovččan (se) mejsel (sv) taltta (fi)

(nb): kileforma eggverktøy for arbeid i metall og stein

meisle

chisel (en) luokčat (se) mejsla (sv) taltata (fi)

(nb): fjerne materiale med hammer og meisel

mekanikar[nn]

Se «mekaniker[nb], mekanikar[nn], reparatør».

mekaniker[nb], mekanikar[nn], reparatør

mechanic, mechanician (en) mekanihkkár, divodeaddji (se) mekaniker (sv) asentaja, korjaaja (fi)

(nb): fagarbeider som reparerer maskiner og mekaniske innretninger

mekanisering

mechanization (en) mekaniseren (se) mekanisering (sv) koneellistaminen (fi)

(nb): erstatning av muskelkraft med mekanisk kraft

mekanisk

mechanical (en) mekánalaš, mekanihkkalaš (se) mekanisk (sv) mekaaninen (fi)

(nb): som blir gjort eller dreve med maskinar

mekanisk blanding

mixture, mixing (en) mekánalaš seaguhus (se) mekanisk blandning (sv) mekaaninen seos (fi)

(nb): blanding av ulike kjemiske stoff som ikkje har gått inn i kjemisk sameining

mekanisme

mechanism (en) mekanisma (se) mekanism (sv) mekanismi, koneisto (fi)

(nb): indre samansetnad i eit apparat eller ein maskin; oppbygging og verkemåte til eit organ, eit system eller ein prosess

mellomaksel

countershaft, intermediate shaft (en) gaskaáksil (se) mellanaxel (sv) väliakseli (fi)

(nb): aksel mellom transmisjon og drivaksel på kjøretøy som har motor foran og bakhjulsdrift

mellomlegg, skims

shim (en) gaskkus (se) mellanlägg (sv) täytelevy, sovituslevy (fi)

(nb): tynt materiale til å legge mellom deler for å regulere avstand

mellompasning

transition fit (en) gaskaheivehus (se) mellanpassning (sv) välitiukkuus (fi)

(nb): pasning mellom aksling og boring som er for trang til å gli, men ikkje trang nok til å sitte skikkelig fast

mellomtapp, midttapp

second tap, plug tap (en) gaskadáhppa (se) mellantapp (sv) keskimmäinen kierretappi (fi)

(nb): gjengetapp som brukes som den mellomste i et sett med tre gjengetapper

membran

membrane, diaphragm (en) cuozza, membrána (se) membran (sv) kalvo (fi)

(nb): stramt utspent hinne som lett kan settes i svingninger

meny

menu (en) fállu (se) meny (sv) valikko (fi)

(nb): oversikt på dataskjerm over mulige funksjoner å velge mellom

messing

brass (en) meisset, messet (se) mässing (sv) messinki (fi)

(nb): legering av koppar og sink og eventuelt andre metall

metall

metal (en) metálla (se) metal (sv) metalli (fi)

(nb): grunnstoff eller legering som har tydelig glans og er god leiar for varme og elektrisitet

metallglans

metallic lustre, metallic glint (en) metállašealgu (se) metallglans (sv) metallinkiilto, -hohde (fi)

(nb): glans som er karakteristisk for metall

meterstokk, tommestokk

inch rule, folding metre rule (en) mehtarmihtádas, dumámihtádas (se) mätstock, tumstock (sv) nivelmitta (fi)

(nb): sammenleggbart ledda lengdemål

metrisk

metric (en) mehtarlaš (se) metrisk (sv) metrinen (fi)

(nb): som gjeld eller bygger på metersystemet

mette

saturate (en) gallehit (se) mätta (sv) kyllästää (fi)

(nb): la eit emne ta opp i seg størst mogleg mengd av eit anna emne

midttapp

Se «mellomtapp, midttapp».

mikrobrytar[nn]

Se «mikrobryter[nb], mikrobrytar[nn]».

mikrobryter[nb], mikrobrytar[nn]

micro switch (en) mikrobotkkán (se) mikroströmbrytare (sv) mikrokytkin (fi)

(nb): hjelpebryter som omdanner en liten mekanisk bevegelse til et elektrisk signal

mikrometer

micrometer (en) mikromihtádas (se) mikrometer (sv) mikrometri (fi)

(nb): måleinstrument for lengde med nøyaktigheit på 1/100 mm

mikroprosessor

microprocessor (en) mikrodoaimmár (se) mikroprocessor (sv) mikroprosessori, mikrosuoritin (fi)

(nb): liten prosessor for datamaskin, laga av silikonbrikke

minne

memory (en) muitu (se) minne (sv) muisti (fi)

(nb): datamaskindel der programmer og informasjoner er lagra og der informasjon blir behandla og program fungerer

mjuklodding

Se «tinnlodding, mjuklodding, bløtlodding[nb]».

modell

model (en) málle (se) modell (sv) malli (fi)

(nb): førebilete, form som noko skal lagas etter; skjematisk, forenkla framstilling av ein plan eller ein maskin

molekyl

molecule (en) molekyla (se) molekyl (sv) molekyyli (fi)

(nb): partikkel av to eller fleire atom

moment

torque, moment (en) momeanta (se) moment (sv) momentti (fi)

(nb): kraft x arm

momentnøkkel

torque wrench (en) momeantačoavdda (se) momentnyckel (sv) momenttiavain (fi)

(nb): skrunøkkel som kan måle kraftmoment ved belastning

-monn

Se «arbeidsmonn, bearbeidingsmonn, -monn».

montere

assemble, mount (en) čohkket, monteret (se) montera (sv) koota (fi)

(nb): sette saman

moped

moped (en) mopeda (se) moped (sv) mopo, moottoripolkupyörä (fi)

(nb): motorkjøretøy på to hjul med høyst 50 cm3 slagvolum

motfresing

conventional milling, up milling (en) vuostejursan (se) motfräsning (sv) vastajyrsintä (fi)

(nb): fresing der skjærerørsla har motsett retning av matingsrørsla

motor

motor, engine (en) mohtor (se) motor (sv) moottori (fi)

(nb): kraftmaskin som lagar om energi til mekanisk drivkraft

motor)

Se «starte (bil, motor)».

motorblokk, sylinderblokk

cylinder block, engine block (en) mohtorgorut, sylinddargorut (se) cylinderblock (sv) sylinteriryhmä (fi)

(nb): motorens hoveddel, som sylindrene er boret ut i

motorfeste

engine anchorage, engine bracket, engine lug (en) mohtorgiddehat (se) motorfäste (sv) moottorin kiinnitin (fi)

(nb): konstruksjon for å feste motoren til karosseriet

motorsag

power saw, chain saw (en) mohtorsahá (se) motorsåg (sv) moottorisaha (fi)

(nb): bærbar kjedesag drevet av forbrenningsmotor eller elektrisitet

motorsykkel

motor cycle, motorbike (en) mohtorsihkkal (se) motorcykel (sv) moottoripyörä (fi)

(nb): motorkjøretøy på to hjul, slagvolum > 50cm3

motorvarmar[nn]

Se «motorvarmer[nb], motorvarmar[nn]».

motorvarmer[nb], motorvarmar[nn]

engine heater (en) mohtorliekkan (se) motorvärmare (sv) moottorilämmitin (fi)

(nb): elektrisk element for å varme opp forbrenningsmotor

motorvernbrytar[nn]

Se «motorvernbryter[nb], motorvernbrytar[nn]».

motorvernbryter[nb], motorvernbrytar[nn]

motor protecting switch (en) mohtorsuodjebotkkon (se) motorskydd (sv) moottorin suojakytkin (fi)

(nb): koplingsapparat, ofte ein kontaktor, kombinert med eit organ som forårsakar utkopling av ein motor ved overstrøm eller kortslutning

motstand, resistans

resistance (en) vuosttaldus, resistánsa (se) motstånd (sv) vastus (fi)

(nb): motstand i eit stoff mot å lede elektrisk straum; komponent i ein straumkrins med fast eller regulerbar resistans for å regulere straumstyrken

motstandsevne

resistance power (en) vuostenákca (se) motståndskraft (sv) vastavoima, vastustuskyky (fi)

(nb): evne hos gjenstand eller materiale til å motstå en viss påkjenning, for eksempel mekanisk slitasje, syrepåvirkning

motsveising, høyresveising[nb], høgresveising[nn]

rightward welding (en) vuostesveisen (se) motsvetsning (sv) vastahitsaus (fi)

(nb): gassveising der gassflammen føres mot smeltebadet, for tjukkere materialer

motvekt

balance, counterweight (en) vuostedeaddu (se) motvikt (sv) vastapaino (fi)

(nb): vekt eller kraft til å halde jamvekt, faktor som veg opp noko

muffe

socket, sleeve, faucet, collar (en) muffa (se) muff (sv) holkki, muhvi (fi)

(nb): kort skøyte- eller verne-stykke, ofte med innvendige gjenger, til skøyting av rør

munnstykke

mouth piece, nozzle, die (en) njálbmebihttá, geahčebihttá (se) munstycke (sv) suutin (fi)

(nb): lausbar del i enden av slange eller rør

mus

mouse (en) sáhpán (se) mus (sv) hiiri (fi)

(nb): styrereidskap for datamaskin som ein kan flytte markøren med over dataskjermen og sette i gang forskjellige funksjonar

mutter

nut (en) muhtter (se) mutter (sv) mutteri (fi)

(nb): fleirkanta metallstykke med skruegjenga hol i midten

muttertrekker[nb]

Se «(trykk)lufthammer[nb], lufthammar[nn], muttertrekker[nb]».

-målar[nn]

Se «omdreiingsmåler[nb], -målar[nn], turteller[nb], -teljar[nn]».

måleband, bandmål

measuring tape, steel tape rule (en) mihtidanbáddi (se) bandmått (sv) mittanauha (fi)

(nb): bøyelig lengdemål

måleining[nn]

Se «målenhet[nb], måleining[nn]».

målekjeft

measuring surface (en) mihtidanolggoš, mihtidanoalul (se) mätyta (sv) mittauspinta (fi)

(nb): en av måleflatene på stillbart måleinstrument, eks. skyvelære eller mikrometer

målenhet[nb], måleining[nn]

unit of measure (en) mihttoovttadat (se) måttenhet (sv) mittayksikkö (fi)

(nb): enhet for måling av for eksempel lengde, volum, trykk og straum

målespiss

contact point (en) mihtidannjunni (se) mätspets (sv) mittakärki (fi)

(nb): fjærende spiss på måleverktøy, for eksempel måleur

måletrommel

graduated cylinder (en) mihtidanfárppal (se) mättrumma (sv) mittarumpu (fi)

(nb): trommel på mikrometer for innstilling og avlesing av mål

måleur

dial gauge, dial indicator (en) mihtidandiibmu (se) mätklocka (sv) mittakello (fi)

(nb): måleinstrument der ujevnheter og kast overføres til en viser.

måleverktøy

measuring tool, gauge (en) mihtádas, mihtidanneavvu, mihttár (se) mätverktyg (sv) mittaustyökalu, mittain (fi)

(nb): verktøy for måling

måling

measure, measuring, measurement (en) mihtideapmi (se) mätning (sv) mittaaminen, mittaus (fi)

(nb): størrelsesbestemmelse

målsetje[nn]

Se «målsette, målsetje[nn]».

målsette, målsetje[nn]

measure (en) mihttobidjan (se) måttsätta (sv) mitoittaa (fi)

(nb): sette mål på ei teknisk teikning

nagle, klinknagle

rivet (en) návli, duorrannávli (se) nit (sv) niitti (fi)

(nb): stutt bolt til å feste delar saman gjennom stuking av bolten

naudstopp[nn]

Se «nødstopp, naudstopp[nn]».

nav

hub, nave, boss (en) juvlaguovddáš, juvlanáhpi (se) nav (sv) napa (fi)

(nb): hjuldelen som lagrar hjulet kring akslingen

nebbtang[nb], spisstang[nb], flattang[nb], nebbtong[nn], spisstong[nn], flattong[nn]

flat pliers, flat nose pliers (en) duolbabasttat, njunnebasttat (se) flacktång (sv) lattapihdit (fi)

(nb): tang med flate kjeftar som smalnar mot enden

nebbtong[nn]

Se «nebbtang[nb], spisstang[nb], flattang[nb], nebbtong[nn], spisstong[nn], flattong[nn]».

neseradius

corner radius (en) njunneradius (se) nosradie (sv)

(nb): radius på sponskjærande verktøy, mellom hovedegg og biegg

nettspenning

mains voltage, line voltage (en) fierbmegealdda (se) nätspänning (sv) verkkovirta, verkkojännite (fi)

(nb): innkommende elektrisk spenning hos forbruker

nippel

nipple (en) nihppel (se) nippel (sv) nippa, nippeli (fi)

(nb): kort rørstykke med utvendige gjenger

nonie, nonius

vernier (en) nonie, noniusa (se) nonieskala, nonie (sv) noonio (fi)

(nb): kort skala som kan flyttes langs hovedskalaen på måleinstrument, gjør det mulig med nøyaktigere avlesning

nonius

Se «nonie, nonius».

normalisere

normalize (en) normaliseret (se) normalisera (sv) normalisoida (fi)

(nb): varmebehandle stål så virkning av tidligere herding forsvinner

normalstilling, nøytralstilling

normal position (en) normálasajádat (se) normalläge (sv) normaaliasento (fi)

(nb): den stilling en regulerbar maskindel eller måleinstrument står i når den ikke er utsatt for belastning

nullpunkt

zero point (en) nullačuokkis (se) nolläge (sv) nollakohta, nollapiste (fi)

(nb): fast utgangspunkt på ein måleinstrument eller skala

nødstopp, naudstopp[nn]

emergency stop device, e. shutdown (en) heahteorustahtti (se) nödstopp (sv) hätäpysäytin (fi)

(nb): anordning for raskt å kunne stoppe farlig funksjion

nøkkelvidde[nb], nøkkelvidd[nn]

width across flats, span of jaws (en) čoavddagalljodat (se) nyckelvidd, nyckelgap (sv) avainväli, kita (fi)

(nb): avstanden mellom to parallelle gripeyter på mutter eller skruehovud

nøkkelvidd[nn]

Se «nøkkelvidde[nb], nøkkelvidd[nn]».

nøyaktighet[nb]

Se «presisjon, nøyaktighet[nb], grannsemd[nn]».

nøytralstilling

Se «normalstilling, nøytralstilling».

nålelager

needle bearing (en) nállolágER (se) nållager (sv) neulalaakeri (fi)

(nb): rullelager som har lange, sylindriske rullar med liten diameter

oktantall[nb], oktantal[nn]

octane number, knock rating (en) oktánalohku (se) oktantal (sv) oktaaniluku (fi)

(nb): mål på bensins motstandsevne mot selvantennelse under kompresjon (bankefasthet)

oktantal[nn]

Se «oktantall[nb], oktantal[nn]».

olboge[nn]

Se «albue[nb], olboge[nn], rørkne».

olje

oil (en) olju (se) olja (sv) öljy (fi)

(nb): mineralsk, animalsk eller vegetabilsk væske, lite løselig i vann, består hovedsakelig av hydrokarboner

oljebad, oljesump

oil bath (en) oljolávgu (se) oljebad (sv) öljykylpy, öljyallas (fi)

(nb): kar med olje som smører en mekanisme ved at maskindeler i bevegelse kommer i kontakt med olja og sprer denne videre

oljekanne, smøreoljekanne, smørjeoljekannen

oil can (en) oljogádnu (se) oljekanna (sv) öljykannu, voitelukannu (fi)

(nb): kanne for smøring med olje

oljesump

Se «oljebad, oljesump».

(olje)tåkesmører[nb], -smørjar[nn]

oil mist lubricator (en) mierkavuoidi (se) oljedimbildare (sv) voidesumutin (fi)

(nb): smøreapparat for trykkluftanlegg

omdreiing

revolution (en) jorran (se) varv (sv) kierto (fi)

(nb): dreiing, sviv, rotasjon heilt rundt til utgangspunktet

omdreiingsmåler[nb], -målar[nn], turteller[nb], -teljar[nn]

revolution counter, tachometer (en) jorranmihtádas (se) varvmätare (sv) kierroslukumittari, pyörimisnopeusmittari (fi)

(nb): måleinstrument for å måle en roterende gjenstands omdreiinger pr. tidsenhet

omdreiingstall, turtall, -tal[nn]

rotational speed, rpm (en) jorranlohku (se) varvtal (sv) pyörimisnopeus (fi)

(nb): antall omdreiinger pr. minutt

-omformar[nn]

Se «sveiseomformer[nb], -omformar[nn], -transformator».

omformar[nn]

Se «omformer[nb], omformar[nn]».

omformer[nb], omformar[nn]

converter (en) muhtán (se) omformare (sv) muuntaja (fi)

(nb): elektrisk maskin som omformar elektrisk energi frå eit straumslag til eit anna

omløp

by-pass (en) meaddilmannan (se) förbigång, bypass (sv) ohivirtaus (fi)

(nb): det at ein væske- eller gasstraum passerer utanom hovudkanalen

omløpsventil

bypass valve (en) meaddilventiila (se) förbigångsventil, bypassventil, shuntvewntil (sv) ohitusventtiili (fi)

(nb): stengeorgan i et omløp

open ringnøkkel[nn]

Se «åpen ringnøkkel[nb], open ringnøkkel[nn]».

-opning[nn]

Se «kontaktåpning[nb], -opning[nn], kontaktavstand».

oppladbar

rechargeable (en) gealddehahtti (se) laddningsbar (sv) uudelleen ladattava (fi)

(nb): eigenskap hos straumkjelde; kan ladas opp att etter utladning

oppløsning[nb]

Se «emulsjon, oppløsning[nb], oppløysing».

oppløysing

Se «emulsjon, oppløsning[nb], oppløysing».

oppretting

alignment, straightening (en) njulgen (se) riktning (sv) oikaisu (fi)

(nb): det å rette opp noko som er deformert, kome ut av stilling eller i ubalanse

opprettingsverktøy

straightening tool (en) njulgenneavvu (se) riktverktyg (sv) oikaisutyökalut (fi)

(nb): verktøy for oppretting av skader på for eksempel karosseri

opprike[nn]

Se «anrike[nb], opprike[nn]».

oppriking[nn]

Se «anriking[nb], oppriking[nn]».

opprømme

Se «brotsje, opprømme».

oppspenningsdor

clamp arbor (en) giddenáksil (se) spänndorn (sv) kiinnityskara, kiinnitystuurna (fi)

(nb): aksel for oppsponning av arbeidsstykke eller freseverktøy

oppvarme

Se «varme opp, oppvarme».

orepinne

Se «sikringsring, orepinne».

O-ring

O-ring seal (en) O-riekkis (se) O-ring (sv) O-rengas (fi)

(nb): tetningsring av gummi med rundt tverrsnitt

oscilloskop

oscilloscope (en) oscilloskohppa (se) oscilloskop (sv) oskilloskooppi (fi)

(nb): måleinstrument for elektriske svingningar

overbelastning

overload (en) liigenoađuheapmi, -ražaheapmi, ilá - (se) överbelastning (sv) ylikuormitus (fi)

(nb): det at noko blir utsett for større elektrisk straum eller krefter enn det toler.

overflate

surface (en) olggoš (se) yta (sv) pinta (fi)

(nb): flate som avgrensar ein lekam utetter, ytterside

overflatebehandling

surface treatment (en) olggošgieđahallan (se) ytbehandling (sv) pintakäsittely (fi)

(nb): behandling av overflate for å få en bestemt ruhet eller beskyttelse av overflata

overflatenormal

surface norm, surface rule (en) olggošmálle (se) ytnormal (sv) pinnankarheusmalli (fi)

(nb): mal som viser med eksempler kordan overflata av eit materiale ser ut ved forskjellige ruheitsverdiar

overflateruhet[nb], overflateruleik[nn]

surface roughness (en) olggošromšodat, olggošroamši (se) ytråhet (sv) pinnankarheus (fi)

(nb): mål på ujamnheitar i overflate av ein gjenstand

overflateruleik[nn]

Se «overflateruhet[nb], overflateruleik[nn]».

overføring, transmisjon

transmission (en) sirdin, transmišuvdna (se) transmission, överföring (sv) siirto, siirtymä (fi)

(nb): det å føre over energi frå ei eining til ei anna

overlappskjøt[nb], overlappskøyt[nn]

over-lapping (en) gokčanlakta, latnalaslakta (se) överlappning (sv) limitys (fi)

(nb): to plater skjøtes sammen ved at den ene legges litt over den andre og deretter nagles eller sveises sammen

overlappskøyt[nn]

Se «overlappskjøt[nb], overlappskøyt[nn]».

overtrykk

overpressure, positive pressure (en) badjeldeatta (se) övertryck (sv) ylipaine (fi)

(nb): trykk på meir enn atmosfæretrykket

pakning

gasket, jointing, packing (en) spintu, bagadas, bagaldat (se) packning (sv) tiiviste (fi)

(nb): mellomlegg for å gjøre overgang mellom rør eller maskindelar tette

pakningsskjerar[nn]

Se «pakningsskjærer[nb], pakningsskjerar[nn]».

pakningsskjærer[nb], pakningsskjerar[nn]

adjustable packing ring cutter (en) spintočuohpan, bagadasčuohpan (se) rundskärare (sv) tiiviste leikkuri (fi)

(nb): stillbart skjæreverktøy for runde pakninger

palhjul, matehjul

ratchet wheel (en) caggejuvla, borahanjuvla (se) steghjul (sv) syöttöpyörä, säppipyörä (fi)

(nb): tannhjul for (deling eller) drift av teller, velger osv.

pall

Se «palle, pall».

palle, pall

reusable pallet (en) palla (se) pall (sv) trukkilava, jakkara (fi)

(nb): konstruksjon , vanligvis av tre, som man transporterer og lagrer varer på

panel

Se «beslag, panel».

parallellkloss

gauge block (en) parallealabihttá (se) parallellbit (sv) suuntaispala (fi)

(nb): nøyaktig slipte klosser med parallelle sider til underlag ved fastspenning i for eksempel fresemaskin

parallellkopling

shunt, shunt switch, parallel connection (en) parallealagoallus, buohtalatgoallus (se) parallellkoppling (sv) rinnankytkentä, rinnakkaiskytkentä (fi)

(nb): samanknytning av elektriske leidningar slik at strømmen deler seg mellom dei

parallelt grensesnitt

parallel interface (en) buohtalaslakta (se) parallell gränssnitt (sv) rinnakkaisliitäntä (fi)

(nb): datatilkopling som overfører informasjon gjennom å sende 8 bit samtidig

partikkel

particle (en) partihkal (se) partikel (sv) hiukkanen (fi)

(nb): smådel, eks. elektron, atom

pasning

fit, fitment (en) heivehus (se) passning (sv) sovite (fi)

(nb): den grad av bevegelighet eller fastklemming som oppstår mellom sammenhørende deler etter at disse er satt sammen

passar[nn]

Se «passer[nb], passar[nn], stikkpasser».

passbit

gauge block (en) dárkkistanbihttá (se) passbit (sv) mittapala (fi)

(nb): finslipt herda stålbit, finnes i sett av forskjellig dimensjoner for kontrollmåling og innstilling

passer[nb], passar[nn], stikkpasser

divider, calipers, compasses (en) gierdodahkki (se) passare (sv) harppi (fi)

(nb): instrument med to rørlige bein festa til eit felles hovud, til å lage sirklar og sette av mål med

passord

password (en) beassansátni (se) lösenord (sv) tunnussana (fi)

(nb): rekke av teikn som vernar opplysningar eller dataprogram og som ein må vite for å få tilgang dit

pedal

pedal (en) duolmman (se) pedal (sv) poljin, jalkapoljin (fi)

(nb): fotplate i mekanisme som driv, set i gang eller stoppar framkomstmiddel, maskin, instrument o.l.

pendel

pendulum (en) dearba, dearbastihkka, heailu, šlimpa (se) pendel (sv) heiluri (fi)

(nb): hangande lekam som kan svinge att og fram frå ei kvilestilling

pendle

weave, oscillate (en) dearbbadit, heailut (se) pendla (sv) heilua (fi)

(nb): svinge periodisk fram og tilbake, for eksempel ved sveising

pennhammar[nn]

Se «pennhammer[nb], pennhammar[nn]».

pennhammer[nb], pennhammar[nn]

straight pane hammer, pin hammer (en) peannaveažir, duorranveažir (se) penhammare (sv) harjapäävasara (fi)

(nb): hammar som er kileforma på bakre del av hovudet

perforert plate

perforated plate (en) ráiggaspláhtta (se) perforerad platta (sv) rei'itetty levy, reikälevy (fi)

(nb): plate med regelmessige hol

periode, syklus

cycle, period (en) birrajohtu (se) period (sv) jakso (fi)

(nb): tidsrom mellom hendingar som regelbunde tar seg opp att

periodisk

Se «pulserende[nb], pulserande[nn], periodisk».

permanent

permanent (en) bistevaš (se) permanent (sv) kesto- (fi)

(nb): som held seg uendra i uavgrensa eller svært lang tid

pinjong

pinion (en) pinjoŋga (se) pinjong (sv) pieni vetopyörä (fi)

(nb): drivhjul i inngrep med kronhjul i bildifferensial

pinne

pin, dowel (en) sággi (se) pinne (sv) tappi, vaarna, sokka (fi)

(nb): lite, smalt stykke av tre eller anna materiale

pinnefres

end mill (en) sággejurssan (se) pinnfräs (sv) tappijyrsin, varsijyrsin (fi)

(nb): sylindrisk fres med liten diameter og 2-4 skjær

pinol

Se «pinolrør, pinol».

pinoldokke

Se «bakdokke, pinoldokke».

pinolrør, pinol

tail stock spindle (en) pinolbohcci (se) dubbrör, pinol (sv) siirtopylkän holkki (fi)

(nb): sylindrisk stålrør med innvendig morsekon som feste for pinolspiss, borhylse eller borkjoks

pinolspiss

Se «senterspiss, pinolspiss».

pinsett

pinzers, tweezers, forceps (en) pinseahtat (se) pincett (sv) atulat, pinsetit (fi)

(nb): lita metallklype med fjørande armar

pipe

Se «kopp, pipe».

pipenøkkel

Se «koppnøkkel, pipenøkkel».

planbord

surface plate (en) duolbabeavdi (se) riktplatta (sv) oikotaso, väritaso (fi) (nb): stålblokk eller tjukk skive med planhøvla overflate til å legge arbidsstykke på når ein merkar opp

plandreie

face, dress (en) duolbbasinjorahit (se) plansvarva (sv) tasosorvata (fi)

(nb): dreie plant av arbeidsstykke, dreie med radial matingsbevegelse

plane

plane, face (en) dulbet (se) plana (sv) tasoitta (fi)

(nb): jevne ut, gjøre plan

plan, flat

flat (en) duolbbas (se) plan (sv) taso, tasainen (fi)

(nb): to-dimensjonal

planfres

facing cutter, surface cutter (en) dulbenjurssán (se) planfräs (sv) tasojyrsin, otsajyrsin (fi)

(nb): fres for plane flater, fres med skjær på enden

planskive

face plate, face chuck (en) duolbaskearru (se) planskiva (sv) tasolaikka (fi)

(nb): rund skive som skrues på spindelen i en dreiebenk og som man skrur fast arbeidstykket til

planslipemaskin

surface grinding machine (en) dulbenšliipenmašiidna (se) planslipmaskin (sv) tasohiomakone (fi)

(nb): slipemaskin for å slipe flater plane

plasmaskjerar[nn]

Se «plasmaskjærer[nb], plasmaskjerar[nn]».

plasmaskjærer[nb], plasmaskjerar[nn]

plasma cutter (en) plasmačuohpan (se) plasmaskärare (sv) plasmaleikkain, plasmaleikkauslaite (fi)

(nb): apparat for skjæring av metall med gass, kan skjære alle materialer som er elektrisk ledende

plast

plastics (en) plásta, muovvi (se) plast (sv) muovi (fi)

(nb): plastisk kunststoff av høgmolekylært organisk materiale

plasthammar[nn]

Se «plasthammer[nb], plasthammar[nn]».

plasthammer[nb], plasthammar[nn]

plastic mallet (en) plástaveažir, muovveveažir (se) plasthammare (sv) muovivasara (fi)

(nb): bankeverktøy med plasthode

plastisk bearbeiding

forming (en) plástalaš gieđahallan (se) plastisk bearbetning (sv) muovaava työstö, muovaus (fi)

(nb): bearbeiding som endrar form utan å fjerne materiale

plastisk, formbar

ductile, plastic (en) plástalaš, hábmehahtti (se) plastisk (sv) muovailtava, muovautuva (fi)

(nb): egenskap ved materiale at formen kan endres i fast tilstand

plate

plate, sheet (en) pláhtta (se) plåt, platta (sv) levy, laatta (fi)

(nb): tynt, flatt emne, som regel av metall

platelager, harddisk

hard disc (en) garraskearru, garramuitu (se) hårddisk (sv) kiintolevy, kovalevy (fi)

(nb): lagringsenhet for data med stiv skive som normalt ikke kan tas ut av maskinen, den har stor kapasitet og data kan hentes ut raskt

platesaks

sheet metal shears, plate shears (en) pláhttaskárrit, pláhttaskierat (se) plåtsax (sv) levysakset (fi)

(nb): elektrisk, hydraulisk eller mekanisk saks for metallplater

platevinkel

square, joint hook (en) pláhttaviŋkil (se) flackvinkel (sv) suorakulma (fi)

(nb): vinkelhake som er helt plan, uten anslag

platinastift, stift, avbryterkontakt[nb], avbrytar-[nn]

contact set, contact breaker (en) dollaveažir (se) brytarspets (sv) katkojan kärki (fi)

(nb): mekanisme i fordeler på bensinmotor som slutter og bryter strøm til tennspole

plog

plough (en) vealta, pluga (se) plog (sv) aura (fi)

(nb): reidskap til å skjære ut og vende jord

plottar[nn]

Se «plotter[nb], plottar[nn], grafskriver[nb], grafskrivar[nn]».

plotter[nb], plottar[nn], grafskriver[nb], grafskrivar[nn]

plotter (en) sárggon (se) kurvskrivare, kurvritare (sv) piirturi (fi)

(nb): datautstyr som teiknar ut figurar på papir

plugg

peg, pin, plug, stud (en) bunci, náhpul (se) plugg (sv) tulppa, sulkutulppa (fi)

(nb): sylindrisk eller konisk tapp for å tette igjen et hull

plugg

Se «støpsel, plugg».

plugghette

spark plug cap (en) ginttalgahpir (se) sytytystulpan hattu (fi)

(nb): hette som sitter på enden av pluggledningen og tres på tennpluggen

pluggledning[nb], pluggleidning[nn], tennplugg-

plugwire, spark plug cable (en) ginttaljođas, buncejođas (se) tändstiftskabel (sv) tulpanjohto, sytytustulpan johto (fi)

(nb): ledning fra fordeler til tennplugg

pluggleidning[nn]

Se «pluggledning[nb], pluggleidning[nn], tennplugg-».

pluggnøkkel, tennpluggnøkkel

spark plug wrench (en) pluggačoavdda, ginttalčoavdda (se) tändstiftsnyckel (sv) tulppa-avain (fi)

(nb): lang koppnøkkel/pipenøkkel eller sekskantrør for å skru tennplugger

pneumatisk

pneumatic (en) pneumáhtalaš (se) pneumatisk (sv) paineilma-, pneumaattinen (fi)

(nb): som er dreve av trykkluft eller som hører til trykkluftanlegg

pol

pole (en) náhpi (se) pol (sv) napa (fi)

(nb): uttaks-eller inntakspunkt på elektrisk batteri eller maskin, for feste av elektriske leidningar

polere

polish (en) šelget, geallat (se) polera (sv) kiillottaa (fi)

(nb): behandle ei overflate så den oppnår glans

popnagle, blindnagle

pop rivet (en) popnávli (se) popnit, blindnit (sv) popniitti (fi)

(nb): nagle som monteres ved at en stålbolt med kulehode trekkes ut og stuker ei hylse

popnagletangb blindnagletang[nb], -tong[nn]

rivet tool, hand riveter (en) popnávledoaŋggat (se) nittång (sv) pop-niittipihdit (fi)

(nb): tang som monterer nagler ved at en stålbolt med kulehode trekkes ut og stuker ei hylse

pore, blære

pore, void (en) skoavhli, ráhkku (se) por (sv) huokonen (fi)

(nb): hulrom i fast materiale

poredanning

pore forming (en) sáigun (se) porbildning (sv) huokosten muodostuminen (fi)

(nb): danning av gassporer i fast materiale, for eksempel ved støping

porøs

porous (en) silli (se) porös (sv) huokoinen (fi)

(nb): som har porer eller fine kanaler, svampet

posisjon[nn]

Se «beliggenhet[nb], posisjon[nn]».

potensiell energi, stillingsenergi

potential energy (en) veadjoárja (se) potentiell energi (sv) potentiaalienergia (fi)

(nb): opplagra mekanisk energi som kan omvandlas til rørsleenergi

presisjon, nøyaktighet[nb], grannsemd[nn]

precision, accuracy (en) dárkivuohta, aiddolašvuohta (se) precision, noggrannhet (sv) tarkkuus, täsmällisyys (fi)

(nb): mål for kor nøyaktig eit måleinstrument er, eller kor nøyaktig eit arbeid er utført i forhold til gitte mål

presse

press (en) deaddit (se) pressa (sv) painaa, puristaa (fi)

(nb): montere eller demontere deler ved hjelp av presseverktøy

presse

press (en) deattán (se) press (sv) puristin, puristuskone (fi)

(nb): maskin til å legge trykk på noko som skal monteras, demonteras, formast eller pregast

pressmonn

Se «pressmonn, pressmonn».

pressmonn, pressmonn

fit, tolerance of fit (en) deaddemunni (se) pressmån (sv)

(nb): skilnad på måla for delar som hører saman, når målet for inste delen er størst

presspasning

heavy force fit, heavy shrink fit (en) deaddeheivehus (se) presspassning (sv) puristustiukkuus, luja pakotustiukkuus (fi)

(nb): pasningen av ein aksel som er dreve inn i eit

hol litt mindre enn han sjølv, og som blir ståande fast og urørlig der

primær

primary (en) vuođđo-, primára, álgo- (se) primär (sv) ensisijainen, pää- (fi)

(nb): opphavelig, grunnleggande, som kjem først

primærkrets[nb], primærkrins[nn]

primary circuit (en) vuođđobiire, álgobiire (se) primärkrets (sv) pääpiiri, ensiöpiiri (fi)

(nb): straumkrins brukt til å forsyne inngangssida på ein transformator med straum frå hovudnettet

primærkrins[nn]

Se «primærkrets[nb], primærkrins[nn]».

program

programme (en) prográmma (se) program (sv) ohjelma (fi)

(nb): sett av instruksjonar for ein teknisk prosess

programmere

program (en) prográmmeret (se) programera (sv) ohjelmoida (fi)

(nb): lage eit program for ein prosess, for eksempel for datamaskin

propell

propeller (en) propealla (se) propeller (sv) potkuri (fi)

(nb): framdrivreidskap av to eller fleire skrueforma blad, for båt eller fly

prosess

process (en) mannolat, proseassa (se) process (sv) prosessi, tapahtumasarja (fi)

(nb): eit integrert handlingsmønster som omdannar ei råvare til produkt

prosessor, regneenhet[nb], rekneeining[nn]

processor (en) doaimmár (se) processor (sv) prosessori, suoritin (fi)

(nb): kjerna i datamaskinen som heile maskinen er laga omkring, bahandlar informasjon etter program og styrer funksjonane til dei andre delene av datamaskinen

prøve, test

test (en) iskan (se) prov (sv) koe (fi)

(nb): undersøkelse av om noe fyller de krav som er satt til det

puls

pulse (en) ravkkas (se) puls (sv) pulssi, syke (fi)

(nb): elektrisk signal som varar kort tid; periodisk gjentakande rørsle

pulserande[nn]

Se «pulserende[nb], pulserande[nn], periodisk».

pulserende[nb], pulserande[nn], periodisk

periodical, cyclic, intermittent, pulsating (en) ravki (se) periodisk (sv) jaksoittainen (fi)

(nb): som gir regelmessige variasjonar i rørsler eller signal

pulver

powder (en) bulvarat, jáffut (se) pulver (sv) pulveri, jauhe (fi)

(nb): finfordelt fast stoff

pumpe

pump (en) bumpa (se) pump (sv) pumppu (fi)

(nb): apparat til å suge eller presse væske eller gass gjennom en rørledning

pumpe

pump (en) bumpet (se) pumpa (sv) pumpata (fi)

(nb): suge eller presse væske eller gass gjennom en rørledning

punktsveiseapparat

spot welder, spot welding machine (en) čuokkissveisenapparáhta (se) punktsvetsningsmaskin (sv) pistehitsauskone (fi)

(nb): apparat for elektrisk motstandssveising der sveisestraumen går mellom to kontaktelektrodar og sveisen blir avgrensa til små område

punktsveising

spot welding (en) čuokkissveisen (se) punktsvetsning (sv) pistehitsaus (fi)

(nb): sveisemetode der sveisen blir avgrensa til små område

pusse

polish, finish, dress, clean (en) liktet (se) putsa (sv) kiillottaa, puhdistaa (fi)

(nb): finbearbeide overflate

påhengsmotor, utenbordsmotor[nb], uta(n)bords-[nn]

outboard engine (en) maŋŋegeašmohtor, fanasmohtor (se) utombordsmotor (sv) perämoottori (fi)

(nb): forbrenningsmotor med propell for framdrift av båt, monteras i akterenden

påleggssveising

clad welding (en) alasveisen (se) påsvetsning (sv) päällehitsaus (fi)

(nb): sveising av sveisestrengar på overflata av eit materiale for å auke slitestyrken eller erstatte nedslitt materiale

radial

Se «radiell, radial».

radialboremaskin

radial drilling machine (en) radialbovrenmašiidna, suonjarbovrenmašiidna (se) radialborrmaskin (sv) säteisporakone (fi)

(nb): bormaskin der borehodet kan reguleres radialt i forhold til søylen

radiallager

radial bearing, journal bearing (en) radialláger, suonjarláger (se) radiallager (sv) säteislaakeri (fi)

(nb): lager for opptak av krefter i radiell retning

radiator

radiator (en) radiáhtor (se) kylare (sv) jäähdytin (fi)

(nb): kjøleapparat for forbrenningsmotor i kjøretøy

radiell, radial

radial (en) radiála, suonjarháltásaš (se) radiell, radial (sv) radiaalinen, säteis-, säteittäinen (fi)

(nb): som går i samme retning som ein radius, i stråleretning

rasp

coarse file, rasp (en) ráspa (se) rasp (sv) raspi (fi)

(nb): svært grov fil for mjuke materialer

ratt

hand wheel, steering wheel (en) ráhtta (se) ratt (sv) ohjauspyörä (fi)

(nb): hjul for styring av kjøretøy

reduksjonsventil

reduction valve (en) geahpidanventiila (se) tryckreduceringsventil (sv) paineenalennusventtiili (fi)

(nb): ventil til å minske trykket av t.d. komprimert luft

register

register (en) registtar (se) register (sv) rekisteri (fi)

(nb): gruppe av maskindelar som virkar sammen etter eit visst system, samanstillinga av tannhjul som koordinerer ventil- og stempelrørslene

registerkjede

register chain, timing chain (en) registtarviđji (se) registerkedja, kamaxelkedja (sv) jakopään ketju, jakoketju (fi)

(nb): kjede for å overføre rørsler mellom akslingane som styrer ventilar og stempel i forbrenningsmotor

registerreim

register belt, timing belt (en) registtarruopma (se) kuggrem, registerrem, kamaxelrem (sv) jakopään hihna, jakohihna (fi) (nb): reim for å overføre rørsler mellom akslingane som styrer ventilar og stempel i forbrenningsmotor

regneenhet[nb]

Se «prosessor, regneenhet[nb], rekneeining[nn]».

regulator

regulator, governor (en) reguláhtor (se) regulator (sv) säädin, säätäjä (fi)

(nb): innretning for å påvirke en prosess for å regulere variable til en viss verdi

regulering

governing, regulation, adjustment (en) reguleren (se) reglering (sv) säätö, asetus (fi)

(nb): manøver- eller kontrollsystem med tilbakekopling?

reguleringsteknikk

control engineering (en) reglerenteknihkka (se) reglerteknik (sv) säätötekniikka (fi)

(nb): styring av automatiske prosessar med tilbakemelding

reie

Se «rettholt, reie».

reim

driving belt, strap, band (en) ruopma, lávži (se) rem (sv) hihna (fi)

(nb): endelaust band av lær, skinn eller gummi for overføring av krefter

reimdrift

belt drive (en) ruopmadoaibma (se) remdrift (sv) hihnakäyttö (fi)

(nb): overføring av krefter ved hjelp av reimer og faste eller regulerbare reimskiver

reimskive

pulley, belt pulley (en) ruopmaskearru (se) remskiva (sv) hihnapyörä (fi)

(nb): maskindel som drar eller blir dratt av drivreim

rekneeining[nn]

Se «prosessor, regneenhet[nb], rekneeining[nn]».

rele

relay (en) rele (se) relä (sv) rele (fi)

(nb): elektrisk styrt bryter

reparasjon

repair, restore, mend (en) divvun (se) reparation (sv) korjaus (fi)

(nb): det å sette noko i stand slik at det virkar som det skal

reparatør

Se «mekaniker[nb], mekanikar[nn], reparatør».

reparere

repair (en) divvut (se) reparera (sv) korjata (fi)

(nb): sette noko i stand slik at det virkar som det skal

reservedel

spare part (en) liigeoassi (se) reservdel (sv) varaosa (fi)

(nb): maskindel som kan settas inn i staden for ein utsliten eller øydelagt del

resistans

Se «motstand, resistans».

retning

direction (en) hálti, guovlu (se) riktning (sv) suunta (fi)

(nb): lei, kurs, hold

retningslys

Se «blinklys, retningslys».

retningsventil

directional valve (en) hálteventiila (se) riktningsventil (sv) suuntaventtiili (fi)

(nb): utstyr for å kople til eller stenge ein eller fleire moglege strøymingsvegar

rettholt, reie

rule (en) njuolggolinjála (se) rätskiva (sv)

(nb): lang, rett fjøl eller list av tre eller metall brukt til å kontrollere om noe er plant eller gjøre mur, vegg eller lignende plan

returledning[nb], returleidning[nn]

return line (en) máhccanjođas (se) returledning (sv) paluujohto (fi)

(nb): ledning for hydraulikkolje tilbake til tanken

returleidning[nn]

Se «returledning[nb], returleidning[nn]».

revers

reverse (en) murdinmolsson (se) backväxel (sv) peruutusvaihde (fi)

(nb): utveksling i girkasse for bevegelse bakover

ribbe

rib, fin, web, gill (en) erttet (se) spant, utsprång, ribba (sv) rima, ripa (fi)

(nb): forsterking på skallkonstruksjon for å hindre knekk; metallrand som gir stor hete- eller kjøleflate

rifle

Se «rille, ripe, rifle».

riflepinne, sporstift

fluted pin, knurled pin (en) rihkkosággi, luoddanibba (se) uratappi, pyälletty tappi (fi)

(nb): sylindrisk pinne med langsgående rifler eller riller i

rille, ripe, rifle

knurl, flute, groove, ripple (en) rihkku (se) spår, rilla (sv) pykälä, ura, uritus, ympyräura (fi)

(nb): renne, fordjupning

ringnøkkel

Se «stjernenøkkel, ringnøkkel».

ripe

Se «rille, ripe, rifle».

riss

view (en) govadat (se) skiss (sv) luonnos (fi)

(nb): teknisk teikning, sett frå ei side av gangen

riss

scratching (en) sáhcu (se) rits (sv) piirrotus (fi)

(nb): oppmerking på materiale

rissefot

Se «høyderisser[nb], høgderissar[nn], rissefot».

rissenål

scribing awl, scriber, scratch awl (en) sáhcunnállu, soairu (se) ritsnål (sv) piirtopuikko, piirtokärki (fi)

(nb): verktøy med skarp spiss for å risse i materiale

risse, ripe

scratch, scribe (en) sáhcut (se) ritsa (sv) piirrottaa (fi)

(nb): streke med kvass reidskap på arbeidsstykke

rissmål, strekmål

marking gauge (en) nárbma (se) strykmått, streckmått, ritsmått (sv) suunturi, suuntapiirrin (fi)

(nb): risseverktøy for rissing av linje parallell med en av arbeidsstykkets kanter

roterande senterspiss[nn]

Se «roterende senterspiss[nb], roterande senterspiss[nn]».

rotere

rotate (en) jorrat (se) rotera (sv) pyöriä (fi)

(nb): gå rundt sin eigen akse

roterende senterspiss[nb], roterande senterspiss[nn]

live centre (en) jorri guovddášnjunni (se) roterande dubb (sv) pyörivä keskiökärki (fi)

(nb): senterspiss som har endel opplagra i rullingslager slik at ytterste spissen følger arbeidsstykket rundt

rotor, anker

rotor (en) rohtor, jorri (se) rotor (sv) roottori, ankkuri (fi)

(nb): roterende del av for eksempel elektromotor eller generator

rotterumpe

Se «stikksag, rotterumpe».

ruhet[nb], ruleik[nn]

roughness (en) romšodat, roamši (se) råhet (sv) karkeus (fi)

(nb): variasjonar i overflata på ein gjenstand

ruleik[nn]

Se «ruhet[nb], ruleik[nn]».

rull

roller (en) rulla (se) rulle (sv) rulla (fi)

(nb): noko til å rulle med; sylindrisk, sfærisk eller konisk roterende maskindel

rullelager

roller bearing (en) rullaláger (se) rullager (sv) rullalaakeri (fi)

(nb): lager med ei eller fleire rader sylindriske eller koniske rullar mellom to ringer

rullingslager

rolling bearing (en) jorreláger (se) rullningslager (sv) vierintälaakeri (fi)

(nb): lager med ei eller fleire rader kuler eller rullar mellom en bevegelig og en stillestående ring; samnemning på kulelager og rullelager

rundfil

round file (en) jorbafiilu (se) rundfil (sv) pyöröviila (fi)

(nb): fil med rundt tverrsnitt

rundslipemaskin

circular grinding machine (en) jorbašliipenmašiidna (se) rundslipmaskin (sv) pyöröhiomakone (fi)

(nb): slipemaskin for sliping av runde akslinger

rundtang[nb], rundtong[nn]

round end pliers (en) jorbabasttat (se) rundtång (sv) pyörökärkipihdit (fi)

(nb): tang med runde, svakt koniske kjefter, for bøying av tråd og tynnplater

rundtong[nn]

Se «rundtang[nb], rundtong[nn]».

ruse

race (en) rassehit, guorusrassehit (se) rusa (sv) ryntäyttää (fi)

(nb): gi ein motor høgt turtall utan å ta ut drivkraft

rust

rust (en) ruosta (se) rost (sv) ruoste (fi)

(nb): raudbrunt lag som blir avsett på overflata av stål i fuktig miljø, blanding av jernhydroksyd og jernoksyd

ruste

rust, corrode (en) ruostut (se) rosta (sv) ruostua (fi)

(nb): om jernlegeringer: bli oksydert i fuktig miljø

rustfritt stål

stainless steel (en) ruostameahttun stálli (se) rostfritt stål (sv) ruostumaton teräs (fi)

(nb): stål som er legert slik at det ikke ruster, inneholder vanligvis >12% Cr og 8% Ni

rustløser[nb], rustløysar[nn]

rust killer, rust removing fluid (en) ruostaluvvi (se) rostlösare (sv) ruosteenirroitin (fi)

(nb): væske som løser opp rust

rustløysar[nn]

Se «rustløser[nb], rustløysar[nn]».

rømmer

Se «brotsj, rømmer».

rørgjenge

pipe thread (en) bohccejeaŋga (se) rörgänga (sv) putkikierre (fi)

(nb): gjenge på rør og rørdeler, måles i tommer etter innvendig dimensjon på røret

rørkne

Se «albue[nb], olboge[nn], rørkne».

rørkuttar[nn]

Se «rørkutter[nb], rørkuttar[nn]».

rørkutter[nb], rørkuttar[nn]

pipe cutter (en) bohccečuohpan (se) rörkapare (sv) putkenkatkaisin, putkileikkuri (fi)

(nb): handverktøy med to roterende kuttekiver for å kutte av rør

rørlegger[nb], røyrleggjar[nn]

plumber (en) bohccebargi (se) rörläggare (sv) putkiasentaja (fi)

(nb): fagarbeidar som legg og reparerer rør og anna utstyr for vatn og kloakk

rør, røyr[nn]

pipe (en) bohcci, revre (se) rör (sv) putki (fi)

(nb): lang sylinder for tranport av væske eller gass

rørsle[nn]

Se «bevegelse[nb], rørsle[nn]».

rørsplint

Se «spennstift, rørsplint».

rørtang[nb], rørtong[nn]

pipe tongs, assembly tong, pipe wrench (en) bohccebasttat, bumpedoaŋggat (se) rörtång (sv) putkipihdit (fi)

(nb): tang med rifla kjeftopning og trinnlaus regulering

rørtong[nn]

Se «rørtang[nb], rørtong[nn]».

røyrleggjar[nn]

Se «rørlegger[nb], røyrleggjar[nn]».

røyr[nn]

Se «rør, røyr[nn]».

råde

Se «stempelstang, veivstang, -stong[nn], råde».

råjern

pig iron (en) álgguviđá ruovdi (se) tackjärn (sv) harkkorauta (fi)

(nb): halvfabrikata i stålframstilling, inneholder over 2% C

råmateriale, råvare

raw material (en) álgoávnnas, luondduviđá ávnnas (se) råmaterial, råvara (sv) raaka-aine (fi)

(nb): ikke bearbeida emne, utgangspunkt for bearbeiding

råolje

crude oil (en) álgguviđá olju, luondduviđá olju (se) råolja (sv) raakaöljy (fi)

(nb): utvunnet petroleum som brukes som råvare for destillering

råvare

Se «råmateriale, råvare».

sag

saw (en) sahá (se) såg (sv) saha (fi)

(nb): hand- eller maskinverktøy med tanna egg for å kappe av materialer

sagblad

saw blade (en) sahádearri (se) sågblad (sv) sahanterä (fi)

(nb): stålblad med tenner langs den kanten eller i periferien

saks

scissors, shears (en) skárrit, skierat (se) sax (sv) sakset, leikkuri (fi)

(nb): skjæreverktøy med to skjærende egger som glir mot hverandre

saksesplint

Se «splint, splittpinne, saksesplint».

samanføying[nn]

Se «sammenføyning[nb], samanføying[nn]».

samlestokk

Se «manifold, samlestokk, forgreiningsrør».

sammenføyning[nb], samanføying[nn]

joining (en) oktiibidjan, oktiigidden (se) sammanfogning (sv) liitos (fi)

(nb): fellesbetegnelse på) metoder for å få deler eller

arbeidsstykker til å henge sammen

sandblåsing

sandblasting (en) sáddobossun (se) sandblästring (sv) hiekkapuhallus (fi)

(nb): sliping av glas, metall o.l. med sand som ein blæs ut med trykkluft

sandpapir

emery paper, sandpaper (en) sáttobábir, šliipenbábir (se) sandpapper (sv) hiekkopaperi (fi)

(nb): papir med fastlima slipekorn

seegerring

Se «låsering, seegerring».

seigherda stål

tempered steel (en) dávggasbuoššoduvvon stálli (se) seghärdat stål (sv) nuorrutettu teräs, päästökarkaistu teräs (fi)

(nb): stål som er herda slik at det er både hardt og seigt

seigherding

tempering (en) dávggasbuoššodeapmi (se) seghärdning (sv) nuorrutus, päästökarkaisu (fi)

(nb): herding med påfølgende anløping av stål for å gi stålet stor seighet og strekkfasthet

seighet[nb], seigleik[nn]

toughness (en) dávggasvuohta, sitkatvuohta (se) seghet (sv) sitkeys (fi)

(nb): et materiales evne til å bøyes og tøyes

seigjern

Se «kulegrafittjern, seigjern».

seigleik[nn]

Se «seighet[nb], seigleik[nn]».

sekskantnøkkel, utvendig nøkkel, unbrakonøkkel

hexagon wrench, allen key (en) guđačiegat čoavdda, guđaborat čoavdda (se) sexkantnyckel (sv) kuusioavain (fi)

(nb): nøkkel for indre sekskant i skruar

sekskantskrue

hexagonal headed bolt (en) guđačiegat skruvva, guđaborat skruvva (se) sexkantskruv (sv) kuusioruuvi (fi)

(nb): skrue med sekskanta hovud

sekundær

secondary (en) nuppáldas, sekundára (se) sekundär (sv) toisio- (fi)

(nb): som hører til det andre steget, som følger etter

selvstarter[nb], sjølvstartar[nn]

starter (en) čoavddavuolggahus (se) käynnistin (fi)

(nb): elektrisk apparat for start av forbrenningsmotor uten bruk av handsveiv eller startsnor

senkhode[nb]

Se «forsenka hode[nb], forsenka hovud[nn], senkhode[nb], senkhovud[nn]».

senkhovud[nn]

Se «forsenka hode[nb], forsenka hovud[nn], senkhode[nb], senkhovud[nn]».

sensor

Se «føler[nb], følar[nn], sensor, giver[nb], gjevar[nn]».

senterbor, sentrumsbor

centre bit, centre drill (en) guovddášbovra (se) centrumborr (sv) keskiöpora (fi)

(nb): kort bor for forboring som styring for større bor

senterhøgd[nn]

Se «senterhøyde[nb], senterhøgd[nn]».

senterhøyde[nb], senterhøgd[nn]

height of centres (en) guovddášallodat (se) dubbhöjd (sv) kärkikorkeus (fi)

(nb): høyda fra vangen på dreiebenken opp til senter av bakdokke og pinolrør

senterspiss, pinolspiss

tail stock centre (en) guovddášnjunni, pinolnjunni (se) dubb (sv) keskiökärki (fi)

(nb): oppspenningsverktøy som i eine enden er forma som en 60° spiss, i andre enden normalt som morsekon.

sentrumsbor

Se «senterbor, sentrumsbor».

sentrumsvinkel

centring gauge (en) guovddášviŋkil (se) centrumvinkel (sv) keskiökulma (fi)

(nb): vinkel som brukes til å finne sentrum av en sirkel

seriekopling

series connection, serial connection (en) ráidogoallus (se) seriekoppling (sv) sarjakytkentä (fi)

(nb): samankopling av elektriske krinsar slik at dei alle fører den same straumen

serielt grensesnitt

seriel interface (en) maŋŋálaslakta (se) seriellt gränssnitt (sv) sarjaliitäntä (fi)

(nb): RS232, er form for kopling mellom datautstyr der data overføres etter en vei, slik at de enkelte bits kommer etter hverandre

serrat

serrate tool (en) rihkon, serrat (se) pyällyskehrä, pyällystyökalu (fi)

(nb): verktøy for dreibenk med parvise herda rifla hjul for lage riller / rutemønster

serratere

serrate, rifle, flute, groove (en) rihkkuhit, serrateret (se) räffla (sv) pyältää, rihloittaa, urittaa (fi)

(nb): lage riller / rutemønster i dreiebenk med serrat

service

Se «vedlikehold[nb], vedlikehald[nn], service».

sete

seat (en) čohkkedat (se) säte (sv) istuin (fi)

(nb): sitteplass i kjøretøy

settherding

case-hardening (en) lasihanbuoššodeapmi (se) sätthärdning (sv) hiiletyskarkaisu, pintakarkaisu (fi)

(nb): herdemetode der overflata av stålet tilføres karbon før herdinga

settskrue, festeskrue

set screw, fixing screw (en) giddenskruvva (se) stoppskruv, fästskruv (sv) kiinnitysruuvi, pidätinruuvi (fi)

(nb): skrue som held fast noko, stoppeskrue, ofte utan hovud

sfærisk

spherical (en) sfearalaš (se) sfärisk (sv) pallomainen (fi)

(nb): kuleforma

sfærisk lager

spherical bearing (en) sfearalaš láger (se) sfäriskt lager (sv) pallomainen laakeri (fi)

(nb): lager der innersida av ytterringen har sfærisk form og innerringen med kuler eller ruller fritt kan stille seg inn i forhold til ytterringen

sideavbitartong[nn]

Se «sideavbitertang[nb], sideavbitartong[nn], skråavbiter».

sideavbitertang[nb], sideavbitartong[nn], skråavbiter

side cutting pliers (en) gilgacikcenbasttat, vinjubasttat (se) sidavbitare (sv) sivuleikkurit (fi)

(nb): tang for klipping av tråd med skjæreeggene parallelt eller nesten parallelt med skaftet

sideprodukt

Se «biprodukt, sideprodukt».

signal

signal (en) mearka, signála (se) signal (sv) merkki, signaali (fi) (nb): fastsatt, avtalt teikn som ein gir med lys, lyd, rørsler, straum eller lignende

signalhorn

Se «horn, signalhorn».

sikring

fuse (en) sihkkarasti (se) säkring (sv) sulake, varoke (fi)

(nb): komponent i elektrisk anlegg som bryt strømmen om han blir for sterk

sikringsring, orepinne

snap ring (en) sihkkarastinriekkis (se) säkringsring (sv) lukkorengas (fi)

(nb): ring som er slik innrettet at den hindrer en stopppinne i å falle ut

sil

strainer, sieve (en) silli (se) sil (sv) siivilä, suodatin (fi)

(nb): anordning med perforert botn for å skille faste partiklar av ein viss storleik frå væske

sintring

sintering (en) sintren (se) sintring (sv) sintraus (fi)

(nb): prosess som ved høy temperatur aukar samanholdinga mellom korna i finkorna materiale

sirkelsag

cirkular saw (en) gierdosahá (se) cirkelsåg (sv) pyörösaha (fi)

(nb): sag med sirkelforma sagblad

sjablon

Se «mal, sjablon, lære».

sjølgjengende skrue[nb], sjølvgjengande skrue[nn]

self-tapping screw (en) iešjeŋgenskruvva (se) gängpressande skruv (sv) itsekierteittävä ruuvi (fi)

(nb): skrue som sjølv skjærer gjenger i materialet

sjøllåsende skrue[nb]

Se «sjølsperrende skrue[nb], sjøllåsende skrue[nb], sjølvlåsande skrue[nn]».

sjølsentrerende[nb], sjølvsentrerande[nn]

self-centering (en) iešguovddášahtti (se) självcentrerande (sv) itsekeskittävä (fi)

(nb): som stiller seg sjøl i sentrum

sjølsperrende skrue[nb], sjøllåsende skrue[nb], sjølvlåsande skrue[nn]

self-locking screw (en) iešcaggi skruvva, iešdoalli skruvva (se) självhämmande skruv (sv) itsepidättävä ruuvi (fi)

(nb): skrue som låser seg sjølv utan hjelp av mutter eller låseskive

sjølvgjengande skrue[nn]

Se «sjølgjengende skrue[nb], sjølvgjengande skrue[nn]».

sjølvlåsande skrue[nn]

Se «sjølsperrende skrue[nb], sjøllåsende skrue[nb], sjølvlåsande skrue[nn]».

sjølvsentrerande[nn]

Se «sjølsentrerende[nb], sjølvsentrerande[nn]».

sjølvstartar[nn]

Se «selvstarter[nb], sjølvstartar[nn]».

skaft, handtak, håndtak[nb]

haft, shaft, handle, grip (en) nađđa, geavja (se) skaft, handtag (sv) kahva, varsi, kädensija (fi)

(nb): noko som er laga til å halde verktyg eller reidskap i

skala

scale, table (en) skála (se) skala (sv) asteikko, mittakaava (fi)

(nb): gradinndeling på måleinstrumenter

skanner

Se «bildeleser[nb], biletlesar[nn], skanner».

skift

shift (en) vuorru (se) skift (sv) vuoro (fi)

(nb): tid som eit arbeidslag arbeider

skiftenøkkel

adjustable wrench, adjustable spanner (en) molssačoavdda (se) skiftnyckel (sv) jakoavain (fi)

(nb): skrunøkkel med gap som kan stillast

skims

Se «mellomlegg, skims».

skive

disc, plate, washer (en) skearru, gearru (se) skiva (sv) levy (fi)

(nb): rund, tynn plate

skivebrems

disc brake (en) skearrogoazan (se) skivbroms (sv) levyjarru (fi)

(nb): bremse med friksjonsskiver som roterer mellom to bremseklossar

skjefte

haft, stock (en) nađđadit (se) skafta (sv) varttaa (fi)

(nb): sette skaft på redskap eller verktøy

skjemt

Se «sløv, skjemt, ukvass».

skjerebrennar[nn]

Se «skjærebrenner[nb], skjerebrennar[nn]».

skjerefart[nn]

Se «skjærehastighet[nb], skjerefart[nn]».

skjerfil[nn]

Se «baufil, skjærfil[nb], skjerfil[nn], buesag[nb], bogesag[nn]».

skjerm

screen, monitor, display (en) šearbma (se) bildskärm (sv) näyttö (fi)

(nb): TV-rute-liknande utstyr der ein får fram det ein skriv inn på ein datamaskin bilete i samsvar med program og kommandoar

skjer[nn]

Se «egg, skjær[nb], skjer[nn]».

skjærebrenner[nb], skjerebrennar[nn]

cutting torch, cutting burner (en) dollačuohpan (se) skärbrännare (sv) leikkauspoltin (fi)

(nb): reiskap til å skjere stål med gassflamme (O_2 + C_2H_2)

skjærehastighet[nb], skjerefart[nn]

cutting speed (en) čuohppanleaktu (se) skärhastighet (sv) leikkuunopeus, lastuamisnopeus (fi)

(nb): den relative hastighet mellom verktøyegg og arbeidsstykke

skjærfil[nb]

Se «baufil, skjærfil[nb], skjerfil[nn], buesag[nb], bogesag[nn]».

skjær[nb]

Se «egg, skjær[nb], skjer[nn]».

skjøteledning[nb], skøyteleidning[nn]

extension cord (en) joatkkajođas, goallusjođas (se) förlängningssladd, skarvsladd (sv) jatkojohto (fi)

(nb): elektrisk leidning til å forlenge ein annan leidning med

skovl

blade, scoop, bucket, vane (en) soadji, guksi (se) skovel, vinge, blad (sv) siipi (fi)

(nb): radielle blad rundt periferien av eit hjul, bladforma arbeidsorgan som skal overføre kraft frå eller til ein aksling

skralle, smelle

ratchet handle, ratchet wrench (en) sŋiran, coakcečoavdda (se) spärrnyckel (sv) räikkä, räikkäväännin (fi)

(nb): reidskap til å overføre moment t.d. til mutter, har sperring så armen kan føras fram og tilbake

skrape

scraper (en) faskkon (se) skrapa (sv) kaavin (fi)

(nb): stålredskap til å skrape med

skrape

scrape (en) faskut (se) skrapa (sv) kaapia (fi)

(nb): skave, gjøre reint med kvass reiskap

skrapjern

scrap iron (en) šlámbarruovdi, roaisteruovdi (se) järnskrot (sv) romurauta (fi)

(nb): jern- og stålavfall som omsettes for gjenvinning

skrivar[nn]

Se «skriver[nb], skrivar[nn]».

skriver[nb], skrivar[nn]

printer (en) čálán (se) skrivare (sv) kirjoitin, tulostin (fi)

(nb): skriveutstyr som koplas til datamaskin, skriv på papir det dataprogramma og kommandoane bestemmer

skrubbstål

roughing tool (en) roavvastálli (se) skrubbstål (sv) rouhintaterä (fi)

(nb): dreiestål for grov langsdreiing

skrue

screw (en) skruvva (se) skruv (sv) ruuvi (fi)

(nb): sylindrisk metallstykke med gjenger og som regel hovud

skruedrev

Se «snekkehjul, snekkedrev, skruedrev».

skruestikke

bench vice, vice (en) skruvvadoalan, skruvvabasta (se) skruvstycke (sv) ruuvipenkki (fi)

(nb): reiskap til å skru fast eit arbeidsstykke i

skruetransportør

Se «mateskrue, skruetransportør».

skrueuttrekker[nb], skrueuttrekkjar[nn], grisepikk

screw extractor (en) skruvvageasán (se) skruvutdragare (sv) ruuvin ulosvetäjä (fi)

(nb): konisk eller rifla pinne av herda stål for å slå eller vri inn i eit hol for å trekke ut knekt skrue som har sett seg fast

skrueuttrekkjar[nn]

Se «skrueuttrekker[nb], skrueuttrekkjar[nn], grisepikk».

skrujern, skrutrekker[nb], skrutrekkjar[nn]

screwdriver (en) skruvvaruovdi, skruvvabonjan (se) skruvmejsel (sv) ruuvitaltta, ruuvimeisseli (fi)

(nb): reiskap for å skru til og trekke ut skruar med spor i hovudet

skrunøkkel

spanner, wrench (en) skruvvenčoavdda (se) skruvnyckel (sv) ruuviavain (fi)

(nb): handreiskap med kanta gap eller hol som kan gripe om mutterar eller skruehovud; fellesord for skiftenøkkel, fastnøkkel, koppnøkkel osv.

skrutrekker[nb]

Se «skrujern, skrutrekker[nb], skrutrekkjar[nn]».

skrutrekkjar[nn]

Se «skrujern, skrutrekker[nb], skrutrekkjar[nn]».

skrutvinge

clamp frame, screw clamp (en) skruvvačárvvon, lávgenruovdi (se) skruvtving (sv) ruuvipuristin (fi)

(nb): skrureiskap til å klemme saman arbeidsstykker

skråavbiter

Se «sideavbitertang[nb], sideavbitartong[nn], skråavbiter».

skyvelære, skyvemål

sliding caliper, vernier caliper, slide gauge (en) sirdinmihtádas, hoiganmihtádas (se) skjutmått (sv) työntömitta (fi)

(nb): måleverktøy der avstanden blir målt mellom en fast kant og en skyver som beveges parallelt med kanten

skyvemål

Se «skyvelære, skyvemål».

skyvepasning

slide fit (en) hoiganheivehus (se) skjutpassning (sv) työntötiukkuus (fi)

(nb): pasning mellom aksling og boring der akslingen kan skyvas inn i boringa med handkraft

skøyteleidning[nn]

Se «skjøteledning[nb], skøyteleidning[nn]».

slagboremaskin

hammer drill, percussion drilling machine (en) časkinbovrenmašiidna (se) slagborrmaskin (sv) iskuporakone (fi)

(nb): boremaskin der borvirkningen framkommer ved at stempelet slår mot boret og maskinen snur boret mellom slaga

slagg

slag, cinder (en) buollángarra, bázahasgarra (se) slagg (sv) kuona (fi)

(nb): avfallsstoff som legger seg ovapå og bekytter ei smeltemasse

slagghammar[nn]

Se «slagghammer[nb], slagghammar[nn], slaggpikke».

slagghammer[nb], slagghammar[nn], slaggpikke

slag hammer (en) bázahasveažir (se) slagghammare (sv) kuonavasara, kuonahakku (fi)

(nb): meiselforma hammer til å banke vekk slagg etter sveising

slaggpikke

Se «slagghammer[nb], slagghammar[nn], slaggpikke».

slaglengde[nb], slaglengd[nn]

length of stroke, piston travel (en) časkinguhkkodat (se) slaglängd (sv) iskunpituus (fi)

(nb): den lengda stempelet kan bevege seg i en sylinder

slaglengd[nn]

Se «slaglengde[nb], slaglengd[nn]».

slagseighet[nb], slagseigleik[nn]

impact resistance, impact strength (en) časkindávgadat (se) slagseghet (sv) iskusitkeys (fi)

(nb): et materiales evne til å motstå formendring ved slag

slagseigleik[nn]

Se «slagseighet[nb], slagseigleik[nn]».

slakk

Se «dødgang, slakk».

slange

hose (en) šláŋŋa (se) slang (sv) letku (fi)

(nb): bøyelig rør av plast eller gummi til å leie væske eller gass

slangeklemme

hose clip, hose clamp (en) šláŋŋačárvvon (se) slangklämma (sv) letkunkiristin (fi)

(nb): stillbar klemme av stål for å feste slange på rør

slegge, sleggje[nn]

sledge hammer, mallet, maul (en) šleagga (se) slägga (sv) moukari, leka (fi)

(nb): stor, tung hammar med langt skaft

sleggje[nn]

Se «slegge, sleggje[nn]».

sleide

slide (en) mielggas (se) slid (sv) kelkka, luisti (fi)

(nb): del som kan gli fram og tilbake i maskin eller apparat

slett

livttis, jalgat (se) slät (sv) sileä, siloinen (fi)

(nb): om overflate; som ikkje er ru

slig

dressed ore, ore concentrate (en) málbmariggudus, riggudus (se) slig (sv) malmirikaste, rikaste (fi)

(nb): finknust og anriket malm

slipe

grind, sharpen (en) šliipet (se) slipa (sv) hioa (fi)

(nb): skjære spon med korn som sit fast i ei roterande skive

slipekorn

abrasive grain, abrasive particle (en) šliipengordni, šliipenmoallu (se) slipkorn (sv) hiomarae (fi)

(nb): små skjæreverktøy som sit fast i ei slipeskive

slipelerret

abrasive cloth, emery cloth (en) šliipenliidni (se) slipduk, smergelduk (sv) hiomakangas (fi)

(nb): tekstil med innlagte slipekorn

slipelære

grinding gauge (en) šliipenmálle (se) teräkulma tulkki (fi)

(nb): mal til å slipe etter, særlig for vinkler på sponskjærende verktøy

slipemaskin

grinding machine (en) šliipenmašiidna (se) slipmaskin (sv) hiomakone (fi)

(nb): elektrisk maskin til å slipe med

slipeskive

grinding wheel, grinding disc (en) šliipenskearru (se) slipskiva (sv) hiomalaikka (fi)

(nb): skive av slipekorn i bindemiddel

slipestein

grind stone, grinding wheel (en) šliipa (se) slipsten (sv) hiomakivi, tahko (fi)

(nb): finkorna slipeskive for sliping av handverktøy

slipestift

grinding pin (en) šliipennibba (se) slipstift (sv) hiomakara (fi)

(nb): lita slipeskive med skaft for montering i handslipemaskin

sliping

grinding, sharpening (en) šliipen (se) slipning (sv) hiominen (fi)

(nb): sponskjærande bearbeiding der skjæreverktøyet er korn som sit fast i ei slipeskive

slitasje

wear (en) gollu, loaktu (se) slitage, nötning (sv) kuluminen (fi) (nb): tap av materiale frå overflate under påvirkning av friktionskrefter

slitestyrke

wear resistance (en) loaktinnanosvuohta, loaktinnannodat (se) nötningsmotstånd, slitstyrka (sv) kulumiskestävyys (fi)

(nb): motstand mot slitasje

slitestål, styrejern

wearing steel (en) oalásruovdi, loaktinstálli (se) slitstål (sv) olasrauta, ohjausrauta (fi)

(nb): slitesterkt stål som festes under på styre- /sliteflater, for eksempel skooterski

slure

slip, skid, slide (en) njalpit (se) slira (sv) luistaa, luistattaa, liukua (fi)

(nb): gli, ikkje gripe (særlig om hjul)

slurekopling

slide coupling, slipping clutch (en) njalpalavtta, njalpagoallus (se) slirkoppling (sv) liukukytkin (fi)

(nb): kopling som slurar når belastninga kjem over eit visst nivå

sluseventil

gate valve, slide valve (en) buođđoventiila (se) slussventil, slidventil (sv) luistiventtiili (fi)

(nb): stengeanordning for rørledning hvor to tetningsflater glir rettlinja mot hverandre

slutta krins[nn]

Se «slutta strømkrets[nb], lukka krets[nb], slutta krins[nn], lukka krins[nn]».

sluttapp

Se «bunntapp[nb], botntapp[nn], sluttapp».

slutta strømkrets[nb], lukka krets[nb], slutta krins[nn], lukka krins[nn]

closed circuit (en) giddejuvvon rávdnjebiire (se) sluten stömkrets (sv) suljettu piiri (fi)

(nb): stømkrets som er kopla saman slik at støm går rundt i kretsen

sløvast[nn]

Se «sløves[nb], sløvast[nn]».

sløves[nb], sløvast[nn]

become blunt (en) nuorrahuvvat, nuorrašuvvat (se) bli slö, bli oskarp (sv) tylsyä (fi)

(nb): bli sløv, ukvass

sløv, skjemt, ukvass

blunt, dull (en) basttoheapmi, ávjjoheapmi (se) slö, oskarp (sv) tylsä (fi)

(nb): ukvass, om egg

slåmaskin

mower, reaper, harvester, mowing machine (en) láddjenmašiidna (se) slåttermaskin (sv) niittokone (fi)

(nb): maskin til å slå gras med

smed

smith, blacksmith, forger (en) rávdi (se) smed (sv) seppä (fi)

(nb): handverkar i metallarbeid

smelle

Se «skralle, smelle».

smelte

melt (en) suddadit (se) smälta (sv) sulattaa (fi)

(nb): varme opp noko så det går over frå fast til flytande

smelte

melt (en) suddat (se) smälta (sv) sulaa (fi)

(nb): gå over frå fast til flytande form

smelte

melt, molten mass (en) šolgu (se) smälta (sv) sulatuserä, sula (fi)

(nb): hele metallmengda som er smelta i omnen samtidig

smeltebad

molten pool, weld pool (en) sveisašolgu (se) svetssmälta (sv) hitsisula (fi)

(nb): det området i sveisen som er over smeltetemperatur

smeltepunkt

Se «smeltetemperatur, smeltepunkt».

smeltetemperatur, smeltepunkt

melting temperature, melting point (en) šolgantemperatuvra (se) smälttemperatur, smältpunkt (sv) sulamispiste (fi)

(nb): den temperatur der et fast stoff går over til væske

smi

forge (en) dáhkut (se) smida (sv) takoa (fi)

(nb): forme ting av metall, særlig stål i oppheita tilstand

smibar

forgeable, malleable, ductile (en) dáhkohahtti (se) smidbar (sv) taottava (fi)

(nb): som er mogleg å forme ved smiing

smie

smithy, forge (en) bádji (se) smedja (sv) paja, työpaja (fi)

(nb): verkstad for smed

smiesse

forge hearth (en) álvi (se) smideshärd, ässja (sv) ahjo (fi) (nb): eldstad med blåseluft for varming av stål for smiing

smihammar[nn]

Se «smihammer[nb], smihammar[nn]».

smihammer[nb], smihammar[nn]

sledge hammer, forging hammer (en) bádjeveažir (se) skenhammare (sv) pajavasara (fi)

(nb): slagredskap med kraftig hovud og relativt kort skaft

smisveising

Se «essesveising, smisveising».

smitang[nb], smitong[nn]

forge tongs (en) bádjebasttat (se) smidestång (sv) pajapihdit (fi)

(nb): langskafta tang for å holde stålemne for smiing

smitong[nn]

Se «smitang[nb], smitong[nn]».

smygvinkel, stillbar vinkel

bevel rule, mitre rule (en) heivenviŋkil, skivdnjeviŋkil (se) smygvinkel, ställvinkel (sv) säätökulmain, kääntökulmain (fi)

(nb): todelt vinkel som kan forskyves og vris

smørefett[nb], smørjefeitt[nn]

lubricating grease (en) vuoiddanas (se) smörjfett (sv) voitelurasva (fi)

(nb): fast eller halvflytende smøremiddel som består av ei smøreolje og et fortykningsmiddel

smørefilm[nb], smørjefilm[nn]

lubricating film (en) vuoiddasassi, vuoiddasfilbma (se) smörjfilm (sv) voiteluainekerros (fi)

(nb): sjikt av smøremiddel mellom to lagerflater

smøremiddel[nb], smørjemiddel[nn]

lubricant (en) vuoiddas (se) smörjmedel (sv) voiteluaine (fi)

(nb): flytende eller fast middel for å redusere friksjon mellom to flater

smøre[nb], smørje[nn]

lubricate, grease (en) vuoidat (se) smörja (sv) voidella, rasvata (fi)

(nb): sette inn med olje, fett eller anna middel for å redusere friksjon og / eller beskytte mot kjemisk angrep

smørenippel[nb], smørjenippel[nn]

grease nipple (en) vuoidannihppel (se) smörjnippel (sv) voitelunippa (fi) (nb): liten rørtapp som leier smørefett inn i lager, med ventil som hindrar at smurningen blir pressa ut att

smøreoljekanne

Se «oljekanne, smøreoljekanne, smørjeoljekannen».

smøreolje[nb], smørje-olje[nn]

lubricating oil (en) vuoiddasolju (se) smörjolja (sv) voiteluöljy (fi)

(nb): olje til å minske friksjonen mellom glideflater

smørespor[nb], smørje-spor[nn]

oil groove (en) vuoidangurra, vuoidanluodda (se) smörjspår (sv) voitelu-ura (fi)

(nb): spor i glidelager for å gi plass til smøremiddel

-smørjar[nn]

Se «(olje)tåkesmører[nb], -smørjar[nn]».

smørjefeitt[nn]

Se «smørefett[nb], smørjefeitt[nn]».

smørjefilm[nn]

Se «smørefilm[nb], smørjefilm[nn]».

smørjemiddel[nn]

Se «smøremiddel[nb], smørjemiddel[nn]».

smørjenippel[nn]

Se «smørenippel[nb], smørjenippel[nn]».

smørje[nn]

Se «smøre[nb], smørje[nn]».

smørjeoljekannen

Se «oljekanne, smøreoljekanne, smørjeoljekannen».

smørjeolje[nn]

Se «smøreolje[nb], smørjeolje[nn]».

smørjespor[nn]

Se «smørespor[nb], smørjespor[nn]».

snekkedrev

Se «snekkehjul, snekkedrev, skruedrev».

snekkehjul, snekkedrev, skruedrev

worm gear, worm wheel (en) bonjisjuvla (se) snäckhjul (sv) kierukkapyörä (fi)

(nb): tannhjul med tannflanker utforma slik at linjekontakt oppnås ved inngrep med en snekkeskrue

snekker[nb], snikkar[nn]

carpenter (en) snihkkár (se) snickare (sv) puuseppä, kirvesmies (fi)

(nb): handverkar som driv med trearbeid

snekkersag[nb], snikkarsag[nn]

joiner's saw (en) fiellosahá, snihkkársahá (se) snickarsåg (sv) käsisaha, nikkarinsaha (fi)

(nb): rett stikksag for saging av trematerialer

snekkeskrue

worm (en) bonjisskruvva (se) snäckskruv (sv) kierukka (fi)

(nb): tannhjul som kan gå i inngrep med et snekkehjul

snikkar[nn]

Se «snekker[nb], snikkar[nn]».

snikkarsag[nn]

Se «snekkersag[nb], snikkarsag[nn]».

snitt

Se «tverrsnitt, snitt».

snøggstål[nn]

Se «hurtigstål, snøggstål[nn]».

snøskuter, beltemotorsykkel

snow scooter (en) mohtorgielka, skohter (se) snöskoter (sv) moottorikelkka, skootteri (fi)

(nb): beltedrevet motorkjøretøy for 1-2 personer for kjøring på snø

sokkel

Se «fundament, sokkel».

solar

Se «dieselolje, diesel, solar».

solcelle

solar cell (en) beaivvášsealla (se) solcell (sv) aurinkokenno (fi)

(nb): fotoelektrisk element som omvandler sollys til elektrisk energi

sot

soot (en) giehpa, gožu (se) sot (sv) noki (fi)

(nb): findelt karbon laga ved ufullstendig forbrenning

sote

soot (en) giebahuhttit, gožuhuhttit (se) sota (sv) noeta (fi)

(nb): lage sot, for eksempel om forbrenningsmotorar

spak

Se «hendel, spak».

spant

rib, frame (en) fierra, rággu (se) spant (sv) kaari, laita (fi)

(nb): bøyd ribbe som går frå kjølen til relingane i eit båtskrog

sparkel

spattle, spatula, filling knife (en) sparkel, deavdinniibi (se) spackel (sv) lasta (fi) (nb): verktøy for å jamne flate med sparkelmasse før maling

sparkle

putty, fill (en) sparkelastit (se) spackla (sv) siloittaa (fi)

(nb): jamne flate med sparkelmasse før maling

spel[nn]

Se «vinsj, spill[nb], spel[nn]».

spennbakke

clamping jaw (en) čavgenoalul (se) spännback (sv) kiristysleuka (fi)

(nb): kvar av dei 2-4 lause kjeftane som grip om arbeidsstykket ved oppspenning i for eksempel dreibenk

spennblikk

loose jaws (en) čávgenspelle, čávgenbelle (se) suojapakat, leuansuojukset (fi)

(nb): lause plater av metall som leggas mellom spennbakkene og arbeidsstykket for å beskytte arbeidsstykket

spenne fast

Se «spenne opp, spenne fast, feste».

spenne opp, spenne fast, feste

fasten, tighten, fix (en) giddet (se) spänna fast, fästa (sv) kiinnittää (fi)

(nb): sette fast arbeidsstykke / verktøy i festeanordning

spennhylse

taper clamping sleeve (en) čávgenskuohppu (se) spännhylsa (sv) kiristysholkki (fi)

(nb): splitta hylse for fastspenning av skjæreverktøy

spenning

voltage (en) gealdda (se) spänning (sv) jännite (fi)

(nb): potensialforskjell, målas i volt (V)

spenning

tension, stress (en) gealdda (se) spänning (sv) jännitys (fi)

(nb): indre krefter i fast materiale

spennstift, rørsplint

plunger (en) bohcceséggi (se) fjädrande rörpinne (sv) putkisokka (fi)

(nb): splitta rørbit av fjærstål

sperre

Se «sperremekanisme, sperre».

sperremekanisme, sperre

locking device, catch (en) giddenmekanisma (se) spärranordning, spärr (sv) säppi, lukitsin, salpa (fi) (nb): mekanisme som hindrar ei rørsle slik at noko anten ikkje kan røre seg nokon veg eller bare kan gå framover men ikkje tilbake

sperring

Se «vibrasjon, sperring».

spesifikk

spesific (en) ieš- (se) specifik (sv) ominais- (fi)

(nb): særeigen, typisk; pr. eining

spett

crow bar, lever, iron bar (en) ruovdegáŋga (se) spett (sv) rautakanki (fi)

(nb): jernstong med kileforma spiss

spikar[nn]

Se «spiker[nb], spikar[nn]».

spikartrekkjar[nn]

Se «spikertrekker[nb], spikartrekkjar[nn], kjerringkjeft».

spiker[nb], spikar[nn]

nail (en) spiikkár (se) spik (sv) naula (fi)

(nb): spiss metallstift med hode

spikertrekker[nb], spikartrekkjar[nn], kjerringkjeft

nail puller (en) spiikkárgeasán (se) spikutdragare (sv) sorkkarauta, naulanvedin (fi)

(nb): reiskap med klo til å trekke ut spiker

spill[nb]

Se «vinsj, spill[nb], spel[nn]».

spindel

spindle, stem (en) jorreáksil (se) spindel (sv) kara (fi)

(nb): aksling som roterer eller som ei hylse roterer om

spindeldokke

head stock, mandrel stock, spindle (en) jorredoalan (se) spindeldocka (sv) karapylkkä (fi)

(nb): hus for roterende spindel i dreiebenk, der oppspenningsverktøyet festes

spiralbor

twist drill, spiral drill (en) bonjisbovra (se) spiralborr (sv) kierukkapora (fi)

(nb): bor der spona føres ut gjennom et spiralspor slipt langs boret

spiralspor

scroll, spiral groove (en) bonjisgurra (se) spiralspår (sv) kierreura (fi)

(nb): spor som går i spiral oppover eit bor

spisstang[nb]

Se «nebbtang[nb], spisstang[nb], flattang[nb], nebbtong[nn], spisstong[nn], flattong[nn]».

spisstapp, forgjengetapp

taper tap, pilot tap (en) álgodáhppa (se) förtapp (sv) aloituskierretappi, esikierretappi (fi)

(nb): gjengetappen som brukes først i et gjengetappsett, gir vanligvis ikke fulle gjenger

spisstong[nn]

Se «nebbtang[nb], spisstang[nb], flattang[nb], nebbtong[nn], spisstong[nn], flattong[nn]».

spissvinkel

acute angle (en) čohkačiehka (se) spetsvinkel (sv) kärkikulma (fi)

(nb): vinkel på sponskjærande verktøy, mellom skjæreggplan og biskjæreggplan: toppvinkel på spiralbor

spjell

flap, damper, valve disc (en) muddenbelle (se) spjäll (sv) säätöpelti (fi)

(nb): plate til å stenge eller regulere gjennomstrømning,reguleres ved dreiing eller skyving

splines

Se «flerkileforbindelse[nb], fleirkilesamband[nn], splines».

splint, splittpinne, saksesplint

splint, splinter, pin, cotter, split pin (en) suorresággi (se) sprint, saxpinne (sv) sokkanaula (fi)

(nb): stålnagle med halvmåneforma tverrsnitt, bøyd slik at endene sammen får sylinderform

splittpinne

Se «splint, splittpinne, saksesplint».

spole

coil, spool, reel (en) giesttus (se) spole (sv) kela, käämi (fi)

(nb): elektrisk ledningstråd vikla på ei kjerne

spon

chip (en) vuolahas, fuolahas, smáhkku (se) spån (sv) lastu (fi)

(nb): flis som er skoren av tre eller metall

sponbrytar[nn]

Se «sponbryter[nb], sponbrytar[nn]».

sponbryter[nb], sponbrytar[nn]

chip breaker (en) vuolahasdoaján (se) spånbrytare (sv) lastunmurtaja (fi)

(nb): slipt eller påsett kant som bryt spona ved sponskjæring

sponflate

back-rake surface (en) vuolahasolggoš (se) spånyta (sv) rintapinta, lastupinta (fi)

(nb): overflate på skjæreverktøy som avleder spon

sponplate

chipwood (en) vuolahaspláhtta, vuolahasduolbadas (se) spånplatta (sv) lastulevy (fi)

(nb): plate av samanpressa og limt trespon

sponskjerande til-[nn]

Se «sponskjærende bearbeiding[nb], sponskjerande til-[nn]».

sponskjærende bearbeiding[nb], sponskjerande til-[nn]

chipping, cutting (en) vuolahasčuohppan, vuolahastin (se) spånskärande bearbetning (sv) lastuava työstö (fi)

(nb): fellesbetegnelse for bearbeidingsmetoder der materiale fjernes ved avskjæring av spon; dreiing, fresing, boring, høvling, saging og sliping

sponvinkel

back-rake angle (en) vuolahasčiehka (se) spånvinkel (sv) rintakulma (fi)

(nb): vinkel på den sida av skjæreeggen som spona går

spor

slot, groove (en) gurra, luodda (se) spår (sv) ura (fi)

(nb): avlang grop som er skore ut i materiale

sporkile

Se «kile, sporkile».

sporkulelager

track roller bearing, rigid ball bearing (en) gurraluođđaláger (se) spårkullager (sv) urakuulalaakeri (fi)

(nb): lager med kuler som går i spor i inner- og ytterringene

sporskrue

slotted screw (en) gurraskruvva (se) spårskruv (sv) uraruuvi (fi)

(nb): skrue med spor i hovudet

sporstift

Se «riflepinne, sporstift».

sprengskive, fjærskive[nb], fjørskive[nn]

rupture disc, spring washer (en) dávgerovvi (se) fjäderbricka (sv) jousialuslaatta, jousialuslevy (fi)

(nb): kløyvd underlagsskive av fjærstål

sprøhet[nb], sprøleik[nn]

brittleness (en) smirrodat, smierusvuohta (se) sprödhet (sv) hauraus (fi) (nb): egenskap hos fast materiale å briste utan å gjennomgå særlig formendring

sprøleik[nn]

Se «sprøhet[nb], sprøleik[nn]».

spylespiss

washing nozzle, rinsing nozzle (en) cirgganjunni, cirggangeahči (se) munstycke (sv) suutin, suutinventtiili (fi)

(nb): spiss for slange med regulering av vanntrykk og spredning

stabil

stable, steady (en) stáđis, starga (se) stabil (sv) pysyvä, vakaa (fi)

(nb): stødig, varig, som held seg uendra i samme form

stabilisere

Se «avbalansere, stabilisere».

stabilitet

stability (en) stáđisvuohta, stargatvuohta (se) stabilitet (sv) vakavuus, pysyvyys (fi)

(nb): det å vere stabil, fastleik, støleik

stag

rod, hanger, strutting (en) snáhki (se) stag (sv) side, tuki (fi)

(nb): fast eller justerbar stang for å støtte opp, hindre eller utjevne bevegelse

stanse, lokke

punch, stamp (en) vadjat (se) stansa (sv) meistää, lävistää (fi)

(nb): klippe eller presse ut former av metallplate

stansemaskin

punching machine, stamping machine (en) vadjanmašiidna (se) stansmaskin (sv) meistauskone, lävistyskone (fi)

(nb): maskin for å klippe eller presse ut former av metallplate

stanseverktøy

punching tool, stamp(er) (en) vajan (se) stansverktyg (sv) meisti (fi)

(nb): verktøy til å klippe eller presse ut former av metallplater

starte (bil, motor)

start (en) vuolggahit (se) starta (sv) käynnistää (fi)

(nb): sette en maskin eller motor i drift

startkrans

starter gear ring (en) vuolggahangierdu (se) startkrans (sv) käynnistyshammaskehä (fi)

(nb): tannkrans på svinghjul, i inngrep med tannhjul på sveiv eller startmotor

startmotor

starting motor, starter (en) vuolggahanmohtor (se) startmotor (sv) käynnistysmoottori (fi)

(nb): elektrisk motor til å starte forbrenningsmotor

statisk

static (en) stahtalaš (se) statisk (sv) staattinen, tasapainoinen (fi)

(nb): som er i jamvekt, rolig, urørlig

stativ

stand, rack, frame (en) holga (se) stativ (sv) jalusta, runko, kehys (fi)

(nb): oppbygging til å stø noko med eller sette eller henge noko på

stator

stator (en) stahtor (se) stator (sv) staattori (fi)

(nb): faststående del av elektromotor eller generator

stempel

piston (en) meandi, steamppal (se) kolv (sv) mäntä (fi)

(nb): maskindel som går fram og tilbake i en sylinder

stempelring

piston ring (en) meanderiekkis (se) kolvring (sv) männänrengas (fi)

(nb): kløyvd ring av fjærstål som settes i spor på stemplet

stempelslag

Se «takt, stempelslag».

stempelstang, veivstang, -stong[nn], råde

piston rod, connecting rod (en) meandestággu, veivestággu (se) kolvstång, vevstake (sv) männänvarsi, kiertokanki (fi)

(nb): stang som forbind stemplet og veiva

stift

Se «platinastift, stift, avbryterkontakt[nb], avbrytar[nn]».

stigning

Se «gjengestigning, stigning».

stikke av

cut off (en) čugget, gaskatčuohppat (se) sticka av (sv) katkaista, pistää (fi)

(nb): kutte av arbeidsstykke i dreibenk med stikkstål

stikkontakt, kontakt

socket, contact (en) elčuggestat, ráigeguoskkahat (se) väggutta g, väggkontakt, kontakt (sv) pistorasia (fi)

(nb): koplingsdel med hull, hun-kopling for strøm

stikkpasser

Se «passer[nb], passar[nn], stikkpasser».

stikksag, rotterumpe

tenon saw, compass saw, dowel saw (en) buvkosahá, buškosahá (se) sticksåg (sv) pistosaha (fi)

(nb): handsag med smalt og tilspissa blad

stikkstål

slotting tool (en) čuggenstálli (se) stickstål (sv) pistoterä, pistin (fi)

(nb): dreiestål for avstikking

stillbar brotsj

adjustable reamer (en) molssohahtti galján (se) ställbar brotsch, justerbrotsch (sv) säädettävä kalvain (fi)

(nb): brosj med stillbar diameter

stillbar vinkel

Se «smygvinkel, stillbar vinkel».

stillingsenergi

Se «potensiell energi, stillingsenergi».

stillskrue

Se «justeringsskrue, stillskrue».

stivhet[nb], stivleik[nn]

stiffness, rigidity (en) stargatvuohta, stargodat, stirddisvuohta (se) styvhet (sv) jäykkyys (fi)

(nb): egenskap hos fast materiale å stå imot bøyekrefter

stivleik[nn]

Se «stivhet[nb], stivleik[nn]».

stjernefastnøkkel, kombinasjonsnøkkel

combination wrench (en) lotnolasčoavdda, násterabasčoavdda (se) u-ringnyckel (sv) kiintolenkkiavain (fi)

(nb): skrunøkkel med fastnøkkel i ene enden og stjernenøkkel i den andre

stjernenøkkel, ringnøkkel

spanner, box wrench, socket wrench (en) nástečoavdda, gierdočoavdda (se) ringnyckel (sv) lenkkiavain, silmukka-avain, rengasavain (fi)

(nb): skrunøkkel med stjerneform (6 eller 12-kanta)

stjerneskrujern

cross-slot screwdriver (en) násteskruvvaruovdi (se) kryssskruvmejsel (sv) ristikärkitaltta (fi)

(nb): skrujern med stjernespor (Philips eller Pozidrive)

stjernetrekantkopling

star-delta connection (en) nástegolbmačiegatgoallus

(se) stjärntriangelkoppling (sv) tähtikolmiokytkentä (fi)

(nb): koplingstype for trefasa strøm

-stong[nn]

Se «stempelstang, veivstang, -stong[nn], råde».

stoppskive

washer (en) rovvi (se) bricka (sv) aluslaatta (fi)

(nb): rund skive med hol til underlag for mutter eller skruehovud

straumkjelde[nn]

Se «strømkilde[nb], straumkjelde[nn]».

straumkrins[nn]

Se «strømkrets[nb], straumkrins[nn]».

straum-[nn]

Se «fordeler[nb], fordelar[nn], strømfordeler[nb], straum-[nn]».

straum[nn]

Se «strøm, straum[nn]».

straumretning[nn]

Se «strømretning, straumretning[nn]».

strekkfasthet[nb], strekkfastleik[nn]

tensile strength (en) fatnannannodat (se) draghållfasthet (sv) vetolujuus (fi)

(nb): fasthet mot dragende krefter

strekkfastleik[nn]

Se «strekkfasthet[nb], strekkfastleik[nn]».

strekmål

Se «rissmål, strekmål».

strupar[nn]

Se «struper[nb], strupar[nn], choke».

struper[nb], strupar[nn], choke

choke (en) buváhat, šohkka (se) chokespjäll (sv) rikastin (fi)

(nb): strupespjell i luftinntaket på ein forgassar, særlig nytta ved kald motor

strupeventil

throttle valve, choke (en) buvihanventiila (se) strypventil (sv) virtavastusventtiili (fi)

(nb): fast eller regulerbar reduksjon i strømningstverrsnittet for strømningskontroll

(strøm)aggregat, straum-[nn], elektrisk aggregat

aggregate (en) rávdnjeaggregáhta (se) aggregat (sv) agrigaatti, sähkögeneraattori (fi)

(nb): forbrenningsmotor med generator for produksjon av elektrisk strøm

strømfordeler[nb]

Se «fordeler[nb], fordelar[nn], strømfordeler[nb], straum-[nn]».

strømkilde[nb], straumkjelde[nn]

power source, source of current (en) rávdnjegáldu (se) strömkälla (sv) virtalähde (fi)

(nb): innretning som gir elektrisk strøm

strømkrets[nb], straumkrins[nn]

electric circuit (en) rávdnjebiire (se) strömkrets (sv) virtapiiri (fi)

(nb): tilskiping av material og media som kan føre elektrisk straum

strømretning, straumretning[nn]

direction of current, flow direction (en) rávdnjehálti (se) strömriktning (sv) virransuunta (fi)

(nb): retning som strømmen går i ein strømkrins

strøm, straum[nn]

current (en) rávdnji (se) ström (sv) virta (fi)

(nb): elektrisitet i bevegelse, måles i ampere (A)

stuke

close a rivet, upset, clinch, jalt (en) dulpet (se) stuka (sv) tyssätä (fi)

(nb): gjøre ein nagle eller bolt kortare og tjukkare med støytar mot enden

stukesveising

butt welding (en) dulpensveisen (se) stuksvetsning (sv) tyssähitsaus (fi)

(nb): sveising gjennom at arbeidsstykke blir pressa i hop ved høg temperatur

stykkliste

parts list (en) oasselistu (se) stycklista, detaljlista (sv) osaluettelo (fi)

(nb): liste over delene i ei teknisk teikning

styreeining[nn]

Se «styreenhet[nb], styreeining[nn]».

styreenhet[nb], styreeining[nn]

control unit (en) stivrran (se) styrenhet (sv) ohjain, ohjausosa (fi)

(nb): datautstyr som styrer funksjonen til anna utstyr; styreeininga kan flytte informasjon, ta mot og tolke kommandoar eller melde frå om feil

styrejern

Se «slitestål, styrejern».

styring

steering, control, operation (en) stivren (se) styrning (sv) ohjaus (fi) (nb): manøver- eller kontrollsystem uten tilbakekopling

styringsteknikk

control technique (en) stivrenteknihkka (se) styrteknik (sv) ohjaustekniikka (fi)

(nb): styring av automatiske prosessar uten tilbakekopling

støpegods[nb], støypegods

casting (en) leikonávnnas (se) gjutgods (sv) valukappale, valanne (fi)

(nb): metallgjenstand som er støpt

støpejern[nb], støypejer[nn]

cast iron (en) leikonruovdi (se) gjutjärn (sv) valurauta (fi)

(nb): ikke smibar legering av jern og 2-4% karbon

støpe[nb], støype

cast, mould, found (en) leiket (se) gjuta (sv) valaa (fi)

(nb): smelte eit fast stoff og la den flytande massen størkne i ei form

støperi[nb], støyperi

foundry (en) leikehat (se) gjuteri (sv) valimo (fi)

(nb): fabrikk som driver med støping av metall

støpsel, plugg

plug (en) el-culci, sággeguoskkahat (se) stickpropp (sv) tulppaliitin, pistotulppa (fi)

(nb): han-delen av en pluggbar forbindelse

støtdemper[nb], støytdempar[nn]

shock absorber (en) haŋkinváiddon, časkinváiddon (se) stötdämpare (sv) heilahduksen vaimennin, iskunvaimennin (fi)

(nb): innretning som dempar rørslene opp og ned i kjøretøy på ujamn veg

støtfanger[nb], støytfangar[nn]

bumper, buffer (en) dustehat (se) stötfångare (sv) puskuri (fi)

(nb): bjelke framme og bak på kjøretøy til å ta i mot støyt

støvsugar[nn]

Se «støvsuger[nb], støvsugar[nn]».

støvsuger[nb], støvsugar[nn]

vacuum cleaner, dust cleaner (en) noavki, gavjanjaman (se) dammsugare (sv) pölynimuri (fi)

(nb): apparat som syg opp støv

støy

noise (en) šlápma, válla (se) buller (sv) melu (fi)

(nb): forstyrrende, skadelig eller på annen måte uønska lyd

støype

Se «støpe[nb], støype».

støypegods

Se «støpegods[nb], støypegods».

støypejer[nn]

Se «støpejern[nb], støypejer[nn]».

støyperi

Se «støperi[nb], støyperi».

støytdempar[nn]

Se «støtdemper[nb], støytdempar[nn]».

støytfangar[nn]

Se «støtfanger[nb], støytfangar[nn]».

stål

steel (en) stálli (se) stål (sv) teräs (fi)

(nb): smibar legering av jern og maks. 1,8% karbon og eventuelt flere grunnstoff.

stålhaldar[nn]

Se «stålholder[nb], stålhaldar[nn]».

stålholder[nb], stålhaldar[nn]

tool holder (en) stálledoalan (se) stålhållare, stålfäste (sv) teränpidin (fi)

(nb): holder for skjærande verktøy i dreiebenk og høvel

stålull

steel wool, steel shavings (en) stálleullu (se) stålull (sv) teräsvilla (fi)

(nb): stålfiber til å pusse med

sug

Se «innsuging, sug».

sveis

weld (en) sveisa (se) svets (sv) hitsi (fi)

(nb): skøyt som kjem i stand når ein sveisar

sveisar[nn]

Se «sveiser[nb], sveisar[nn]».

sveise

weld (en) sveiset, áhcahit (se) svetsa (sv) hitsata (fi)

(nb): samanføying av metallstykke ved å smelte dei saman eller hamre eller presse ved høg temperatur

sveiseapparat

welding machine, welding apparatus (en) sveisenapparáhta (se) svetsaggregat (sv) hitauslaite (fi)

(nb): apparat til å sveise med

sveisebend

butt welding bend (en) sveisenmoalki (se) svetsinsats (sv) kaasuhitsauspilli (fi)

(nb): bøygd rør for sveisegass

sveiseblindhet

Se «sveiseblink, sveiseblindhet».

sveiseblink, sveiseblindhet

arc eye (en) sveisensuddon, sveisenšleađggastat (se) svetsblänk (sv) hitsaussokeus, lumisokeus (fi)

(nb): augeskade pga. lys frå sveiseflamme eller lysbue

sveisebrennar[nn]

Se «sveisebrenner[nb], sveisebrennar[nn]».

sveisebrenner[nb], sveisebrennar[nn]

welding burner, welding torch (en) sveisenboalddan (se) svetsbrännare (sv) hitsauspoltin (fi)

(nb): handtak for blanding og regulering av gasser for sveising / lodding

sveiseelektrode

welding electrode (en) sveisenelektroda (se) svetselektrod (sv) hitsauselektrodi (fi)

(nb): dekka sveisetråd som det går elektrisk straum gjennom og som smeltar og lagar sveisen

sveisefuge

welding seam (en) sveisenluodda, sveisengurra (se) svetsfog (sv) hitsisauma? (fi)

(nb): opning for å sveise i

sveisehjelm

Se «sveisemaske, sveisehjelm».

sveiselarve

Se «sveisestreng, sveiselarve».

sveisemaske, sveisehjelm

welding helmet (en) sveisenhápma, sveisenmáska (se) svetshjälm, svetsmask (sv) hitsauskypärä, hitsaussuojus (fi)

(nb): maske med mørkt glass til vern ved sveising

sveiseomformer[nb], -omformar[nn], -transformator

welding transformer (en) sveisentransformáhtor, sveisenrievdadeaddji (se) svetsomformare (sv) hitsausmuuntaja (fi)

(nb): sveiseapparat som endrar og regulerer strømstyrke og spenning

sveiser[nb], sveisar[nn]

welder (en) sveisejeaddji (se) svetsare (sv) hitsaaja (fi)

(nb): arbeidar som driv med sveising

sveisestreng, sveiselarve

bead (en) sveisensuotna, sveisenstreaŋga (se) sträng (sv) hitsattu palko (fi)

(nb): streng av tilsettmateriale etter sveising

sveisetråd

welding wire (en) sveisenárpu (se) svetstråd (sv) hitsauslanka (fi)

(nb): metalltråd som brukas som tilsettmateriale ved gassveising

sveising

welding (en) sveisen (se) svetsning (sv) hitsaus (fi)

(nb): samanføying av metallstykke ved temperatur like under eller over smeltepunktet og der eventuelt tilsettmateriale har omlag samme egenskaper som grunnmaterialet

sveiv, veiv

crank, handle (en) veive, veaiva (se) vev (sv) kampi, veivi (fi)

(nb): handtak for å dreie noko rundt

sverd

guide bar (en) miehkki (se) svärd (sv) laippa, terälaippa (fi)

(nb): kompomnent som bærer og styrer sagkjedet på motorsag

svinghjul

flywheel (en) dássenjuvla (se) svänghjul (sv) vauhtipyörä (fi)

(nb): hjul som brukes til å stabilisere gangen til en maskin

svingjern

die stock (en) gávvaruovdi, jorreruovdi (se) svängjärn, gängkloppa (sv) väännin, kierresorkka (fi)

(nb): handtak for gjengetapp eller gjengebakke

svovel

sulphur (en) riššа (se) svavel (sv) rikki (fi)

(nb): S, grunnstoff

syklus

Se «periode, syklus».

syl

awl (en) náskál, soairu (se) syl (sv) naskali (fi)

(nb): reiskap med tynn stålspiss for å lage hol i tre, lær o.l.

sylinder

cylinder (en) sylinddar (se) cylinder (sv) sylinteri (fi)

(nb): holrom der forbrenning, olje- eller gasstrykk utvikler mekanisk kraft som driver et stempel

sylinderblokk

Se «motorblokk, sylinderblokk».

sylinderlekkasjetester[nb], -testar[nn]

cylinder leak tester (en) sylinddarsuođđaniskkan (se) vuotomittari (fi)

(nb): testapparat for å undersøke luftlekkasje fra sylinderen

symmetrisk

symmetric (en) symmetralaš (se) symmetrisk (sv) symmetrinen (fi)

(nb): som kan delas i to like halvdelar som utgjør spegelbilete av kvarandre

synkron

synchronous (en) synkruvdnalaš (se) synkron (sv) synkroninen, tahdistettu (fi)

(nb): samtidig, som har samme referansetid

synkronmotor

synchronous motor (en) synkronmohtor (se) synkronmotor (sv) tahtimoottori, synkronimoottori (fi)

(nb): vekselstraumsmotor der turtallet samsvarar med periodetalet for straumen

syntetisk

synthetic (en) syntetalaš (se) syntetisk (sv) synteettinen (fi)

(nb): ikke naturprodukt, stoff framstilt industrielt ved kjemiske reaksjoner

syrefast stål

acid-proof stainless steel (en) suvrenanu stálli (se) syrafast stål (sv) haponkestävä teräs (fi)

(nb): rustfritt stål med god korrosjonsbestandighet mot syrer

system

system (en) vuogádat, systema (se) system (sv) järjestelmä, systeemi (fi)

(nb): gruppe av mindre einingar som lagar ein samordna eller samverkande heilskap

søkjar[nn]

Se «bladsøker[nb], søkjar[nn]».

søppeldunk

garbage can, trash barrel, dustbin (en) doapparlihtti, ruskalihtti (se) avfallskärl (sv) roskalaatikko, roskasäiliö (fi)

(nb): dunk for å kaste avfall i

søyleboremaskin

upright drilling machine, vertical drilling machine, pillar drilling machine (en) čuoldabovrenmašiidna (se) pelarborrmaskin (sv) pylväsporakone (fi)

(nb): bormaskin der borhodet kan reguleras opp og ned etter en søyle

takt, stempelslag

stroke, piston stroke (en) dákta (se) takt, kolvslag (sv) tahti, männän isku (fi)

(nb): rørsla til stemplet frå eine til andre enden av sylinderen

talje

tackle, hoist pulley (en) dáhkkal (se) talja, blocktyg (sv) talja (fi)

(nb): løftereidskap med ei fast og ei rørlig blokk, oftast med fleire skiver i kvar blokk

-tal[nn]

Se «omdreiingstall, turtall, -tal[nn]».

tange

tang, cone (en) bortnis (se) tånge (sv) ruoto (fi)

(nb): den delen av kniv, bor eller lignende som går inn i skaft eller feste

tang[nb], tong[nn]

tongs, pliers (en) basttat, doaŋggat (se) tång (sv) pihdit (fi)

(nb): reiskap til å gripe eller klype med, samansett av to delar som formar eit kryss

tank

Se «beholder[nb], behaldar[nn], tank».

tanndeling, deling

circular pitch, tooth pitch (en) bátnejuohku (se) kuggdelning, cirkulär delning (sv) hammasjako, jako (fi)

(nb): tannhjulets delesirkelomkrets dividert med tanntalet

tannhjul

gear wheel, cogwheel, toothed wheel (en) bátnejuvla, bátneráhtis (se) kugghjul (sv) hammaspyörä (fi)

(nb): hjul med utvendig eller innvendig krans av tenner som grip inn i tilsvarande mellomrom på eit anna tannhjul eller ei tannstong

tannhøgd[nn]

Se «tannhøyde[nb], tannhøgd[nn]».

tannhøyde[nb], tannhøgd[nn]

tooth depth (en) bátneallodat (se) kugghöjd (sv) hampaan korkeus (fi)

(nb): avstanden mellom ytre og indre radius på tannhjul

tannstang, tannstong[nn]

rack, pitch rack, toothed bar (en) bátnestággu (se) kuggstång (sv) hammastanko (fi)

(nb): stang med tenner som kan gå i inngrep med et tannhjul

tannstong[nn]

Se «tannstang, tannstong[nn]».

tanntall[nb], tanntal[nn]

number of teeth (en) bátnelohku (se) kuggtal (sv) hammasluku (fi)

(nb): tallet på tenner i et tannhjul

tanntal[nn]

Se «tanntall[nb], tanntal[nn]».

tapp

gudgeon, pivot, journal, trunnion (en) culci, dáhppa (se) tapp (sv) tappi (fi)

(nb): konisk eller sylinderforma gjenstand eller akselende

T-arm, T-handtak

T- handle (en) T-nađđa (se) T-handtag (sv) T-väännin (fi)

(nb): skaft for skruverktøy, består av ei stang som går gjennom et hull i del med firkantfeste

tastatur

keyboard (en) boallobeavdi (se) tangentbord (sv) näppäimistö (fi)

(nb): det vanligaste utsyret for å styre ein datamaskin, bord med bokstavar og teikn

tegnebrett[nb], teiknebrett[nn]

drawing board (en) sárgunbreahtta (se) ritbräde (sv) piirustuslauta (fi)

(nb): brett med stillbar linjal for teknisk teikning

tegning[nb], teikning[nn]

drawing (en) sárggus (se) ritning (sv) piirustus (fi)

(nb): teikna attgjeving, bilete

teiknebrett[nn]

Se «tegnebrett[nb], teiknebrett[nn]».

teikning[nn]

Se «tegning[nb], teikning[nn]».

teleskopmål

telescopic gauge (en) teleskohpamihtádas (se) teleskopstickmått (sv) pistomitta (fi)

(nb): låsbart, fjærbelasta måleinstrument for overføring av innvendige mål

-teljar[nn]

Se «omdreiingsmåler[nb], -målar[nn], turteller[nb], -teljar[nn]».

tenning

Se «tenningssystem, tenningsanlegg, tenning».

tenningsanlegg

Se «tenningssystem, tenningsanlegg, tenning».

tenningsboks, CDI-boks

CDI-box (en) cahkkehanboksa, CDI-boksa (se) CDI-laatikko, CDI-rasia (fi) (nb): boks for elektronisk tenning

tenningssystem, tenningsanlegg, tenning

ignition system (en) cahkkehanrusttet (se) tändsystem (sv) sytytyslaitteisto (fi)

(nb): mekanisme til å tenne ein bensinmotor

tennplugg

spark plug, ignition plug (en) cahkkehanginttal (se) tändstift (sv) sytytystulppa (fi)

(nb): gjenstand som tenner luft-bensin-blandinga så stempelet går nedover

tennplugg-

Se «pluggledning[nb], pluggleidning[nn], tennplugg-».

tennpluggnøkkel

Se «pluggnøkkel, tennpluggnøkkel».

tennspole, coil

ignition coil, spark coil (en) cahkkehangiesttus (se) tändspole (sv) sytytyspuola (fi)

(nb): elektrisk induksjonsspole som transformerer opp spenning for tennpluggane

ters

Se «avtrekker[nb], avtrekkjar[nn], ters, avdrager[nb], avdragar[nn]».

test

Se «prøve, test».

-testar[nn]

Se «sylinderlekkasjetester[nb], -testar[nn]».

tetning[nb], tetting

seal, seat, sealing device, packing (en) lávgadas (se) tätning (sv) tiiviste, tiivistin (fi)

(nb): anordning som hindrer lekkasje av trykkmedium eller inntrenging av forurensing

tetningsflate[nb], tettingsflate

contact face, sealing face (en) lávgehat (se) tätningsyta (sv) tiivistyspinta (fi)

(nb): plan eller konisk flate som kan utnyttes til tetning mellom maskindeler, ved direkte kontakt eller med pakningsmateriale mellom

tetningsring[nb], tettingsring, gacoring

sealing ring (en) lávgadangierdu, lávgadanriekkis (se) tätningsbricka (sv) tiivisterengas (fi)

(nb): ring av gummi og stål med fjær som tetter mellom aksling og boring, for eksempel utafor lager

tetthet[nb], tettleik[nn], densitet, massetetthet

density (en) čoahkkisvuohta (se) densitet (sv) tiheys (fi)

(nb): forhold mellom masse og volum

tetting

Se «tetning[nb], tetting».

tettingsflate

Se «tetningsflate[nb], tettingsflate».

tettingsring

Se «tetningsring[nb], tettingsring, gacoring».

tettleik[nn]

Se «tetthet[nb], tettleik[nn], densitet, massetetthet».

T-handtak

Se «T-arm, T-handtak».

tilarbeide[nn]

Se «bearbeide[nb], tilarbeide[nn]».

tilarbeiding[nn]

Se «bearbeiding[nb], tilarbeiding[nn]».

tilbakeslag, bakslag

kick, recoil, backfire (en) galkan (se) bakslag (sv) takatuli (fi)

(nb): at gassflammen slår innover i sveisebrenneren og evt gasslangene

tilbakeslagsventil

check valve, non-return valve (en) máhccanventiila (se) backventil (sv) vastaventtiili, takaiskuventtiili (fi)

(nb): ventil som skal hindre tilbakestrømning

tilsatsmateriale

Se «tilsettmateriale, tilsett, tilsatsmateriale».

tilsett

Se «tilsettmateriale, tilsett, tilsatsmateriale».

tilsettmateriale, tilsett, tilsatsmateriale

filler material, admixturing material (en) liigeávnnas (se) tillsatsmaterial (sv) lisäaine (fi)

(nb): materiale som tilsettes ved sveising og lodding

tiltrekkingsmoment

stud torque (en) čavgenmomeanta (se) kiristysmomentti (fi)

(nb): det moment av kraft ganger arm som skal brukes for å trekke til en skrueforbindelse, måles i Nm

tinn

tin (en) datni (se) tenn (sv) tina (fi)

(nb): Sn, grunnstoff

tinnlodding, mjuklodding, bløtlodding[nb]

soft soldering, tin soldering (en) datnejugaheapmi (se) tennlödning (sv) tinajuotos (fi)

(nb): lodding med tinnlegering som tilsettmateriale

tittelfelt

title block (en) nammaoassi (se)

(nb): felt på teknisk teikning for tittel, dato, namnet på teiknaren osv.

tokomponentlim

Se «herdelim, tokomponentlim».

toleranse

tolerance, allowance, margin (en) toleránsa (se) tolerans (sv) toleranssi (fi)

(nb): tillatt avvik i forhold til basismål

toleranseområde

tolerance range (en) toleránsaguovlu (se) toleransområde (sv) toleranssialue (fi)

(nb): område målet skal være innafor

tolk

gauge (en) dulka (se) tolk (sv) tulkki (fi)

(nb): måleverktøy for kontroll av mål på gjenga eller dreid arbeidsstykke

tollekniv

sheath knife (en) buiku, buvku (se) slidkniv, täljkniv (sv) puukko (fi)

(nb): kort kniv med tjukt blad for trearbeid

tomgang

idling, no-load, idle running (en) guorusnatjohtin (se) tomgång (sv) joutokäynti (fi)

(nb): det at ein maskin går utan at kreftene blir nytta til arbeid

tomgangsspenning

no load voltage, open circuit voltage (en) guorusnatgealdda (se) tomgångsspänning (sv) tyhjäkäyntijännite (fi)

(nb): spenninga mellom polene på et sveiseapparat når man ikke sveiser

tommegjenge

inch thread, imperial thread (en) dumájeaŋga (se) tumgänga (sv) tuumakierre (fi)

(nb): gjenge der diameteren måles i engelske tommer (25,4 mm) og stigninga i gjenger pr. tomme

tommestokk

Se «meterstokk, tommestokk».

-tong[nn]

Se «kombinasjonstang[nb], universaltang[nb], -tong[nn]».

tong[nn]

Se «tang[nb], tong[nn]».

topplokk

cylinder head cover, cylinder cover (en) gieralohkki, bajildaslohkki (se) cylinderhuvud, topplock (sv) sylinterinkansi (fi)

(nb): øvre del av en forbrenningsmotor, over sylinderen

torada lager

dual bearing, double row bearing (en) guovtteráiddoláger (se) tvåradigt lager (sv) kaksirivinen laakeri (fi)

(nb): rullingslager med rullar eller kuler i to parallelle rader

totaktsmotor

two-stroke engine (en) guovttedávttatmohtor (se) tvåtaktsmotor (sv) kaksitahtimoottori (fi)

(nb): motor der forbrenninga skjer for annakvart slag

traktor

tractor (en) traktor (se) traktor (sv) traktori (fi)

(nb): motordreve kjøretøy nytta til å dra og/eller levere kraft til landbruksreidskapar

trakt, trekt

funnel (en) reakta, ráhtte, skuibi (se) tratt (sv) suppilo (fi)

(nb): kjegleforma hol reiskap med tut for å helle væske gjennom trange opningar

-transformator

Se «sveiseomformer[nb], -omformar[nn], -transformator».

transformator

transformer (en) transformáhtor (se) transformator (sv) muuntaja (fi)

(nb): apparat utan rørlige delar til å forme om vekselstraum frå ei spenning til ei anna

transistor

transistor (en) transistor (se) transistor (sv) transistori (fi)

(nb): forsterkarelement av ein halvleiar og to eller fleire elektrodar

transmisjon

Se «overføring, transmisjon».

transportør

conveyor, transporter (en) fievrran (se) transportör (sv) kuljetin (fi)

(nb): utstyr for kontinuerlig transport av gods i bestemt bane

trapesgjenge

trapezoid thread (en) trapesajeaŋga (se) trapetsgänga (sv) trapetsikierre (fi)

(nb): gjenger med trapesforma tverrsnitt

travers

traverse, transom, cross beam, cross bar (en) doaresbielká (se) travers, tvärbalk (sv) silta, poikkiparru, poikittaispalkki (fi)

(nb): tverrgående bjelke, for eksempel under taket i et verksted

traverskran, løpekran

traverse crane, overhead travelling crane (en) doaresbielkálovtton (se) traverskran (sv) siltanosturi (fi)

(nb): kran som henger i tverrgående bjelke og kan forflyttes langs denne

traversvogn, løpekatt

travelling trolley, crane carriage (en) doaresbielkávávdna (se) traversvagn (sv) nostovaunu, juoksuvaunu (fi)

(nb): vogn som kan føres langs travers

trefasemotor

three phase motor (en) golmmamuddutmohtor (se) trefasmotor (sv) kolmivaihemoottori (fi)

(nb): motor som går på trefasa vekselstrøm

trekantfil

triangular file (en) golmmačiegat fiilu, golmmaborat fiilu (se) trekantsfil (sv) kolmikulmaviila (fi)

(nb): fil med trekanta tverrsnitt

trekkbrosj

Se «kilsporhøvel, trekkbrosj».

trekt

Se «trakt, trekt».

treskrue

wood-screw (en) muorraskruvva (se) träskruv (sv) puuruuvi (fi)

(nb): skrue for treverk

trimme

trim (en) hárjehahttit (se) trimma (sv) virittää (fi)

(nb): innstille ein motor slik at han yter større effekt

trinnlaus

Se «trinnløs[nb], trinnlaus».

trinnløs[nb], trinnlaus

stepless (en) ceahkeheapmi (se) steglös (sv) portaaton (fi)

(nb): om regulering: utan faste trinn

trinse

rowel, pulley, caster (en) jorregeavri (se) trissa (sv) väkipyörä (fi)

(nb): lite, frittløpende hjul, ofte med spor til tau, gjerne montert i talje

trommel

drum, barrel (en) fárppal (se) trumma (sv) rumpu (fi)

(nb): hol sylinder som kan rotere om sin eigen akse

trommelbrems

drum brake (en) fárppalgoazan (se) trumbroms (sv) rumpujarru (fi)

(nb): brems der bremsesko trykker bremsebelegg mot innersida av trommelen

trykkbegrensingsventil

pressure reducing valve, p. control valve (en) deattarádjenventiila (se) tryckreduceringsventil (sv) paineenalennusventtiili (fi)

(nb): ventil som slipp ut væske eller gass når trykket overstig eit visst nivå

trykkluft

compressed air (en) deattaáibmu (se) tryckluft (sv) paineilma (fi)

(nb): luft med så høyt trykk at den kan brukes til drift av maskin eller lignende

(trykk)lufthammer[nb], lufthammar[nn], muttertrekker[nb]

air hammer, pneumatic hammer (en) áibmoveažir (se) lufthammare, tryckluftshammare (sv) paineilmavasara (fi)

(nb): hammer som bruker trykkluft som drivkraft

trykkmålar[nn]

Se «trykkmåler[nb], trykkmålar[nn], manometer».

trykkmåler[nb], trykkmålar[nn], manometer

pressure gauge, manometer (en) deattamihtádas, manomehtar (se) manometer (sv) painemittari, manometri (fi)

(nb): måler for trykk i væsker og gasser

trykknapp

push button (en) deaddinboallu (se) tryckknapp (sv) painike (fi)

(nb): håndbetjent kontaktanordning, knapp til å trykke på for å utløse eller kople til noko

trykkregulator

pressure regulator, pressure governor (en) deattareguláhtor (se) tryckregulator (sv) paineensäädin (fi)

(nb): ventil som reduserer og regulerer trykket

trådtrekking

wire drawing (en) árpogeassin (se) tråddragning (sv) langanveto (fi)

(nb): laging av tråd ved å trekke den gjennom mindre og mindre hol

turbin

turbine (en) turbiidna (se) turbin (sv) turbiini (fi)

(nb): kraftmaskin der energien i strøymande væske eller gass blir ført over til arbeidsmaskinar

turbokompressor

Se «turbo, turbokompressor».

turbo, turbokompressor

turbo charger, turbo compressor (en) turbo (se) turbo (sv) turbo, ahdin (fi)

(nb): luftpumpe som sørger for overtrykk i motor

turbulens

turbulence (en) jorri (se) turbulens, virvelbildning (sv) turbulensi, pyörteisyys (fi)

(nb): sterk og uregelmessig bevegelse i gass eller væske

turtall

Se «omdreiingstall, turtall, -tal[nn]».

turteller[nb]

Se «omdreiingsmåler[nb], -målar[nn], turteller[nb], -teljar[nn]».

tverregg

lateral edge, cross edge (en) doaresávju (se) tväregg (sv) poikkisärmä (fi)

(nb): skjæreegg for enden på bor

tverrsleide

cross slide, cross tool slide (en) doaresmielggas (se) tvärslid (sv) poikittaisluisti, poikkitaiskelkka (fi)

(nb): sleide tvers over hovedsleiden på dreiebenk

tverrsnitt, snitt

cut, notch, section (en) sneaktačuohpastat, čuohpastat, sneaktagovva (se) snitt (sv) leikkaus, poikkileikkaus (fi)

(nb): flate som kjem fram ved gjennomskjæring; tenkt flate tvers gjennom ein gjenstand

tversavbitar[nn]

Se «hovtang[nb], hovtong[nn], tversavbiter[nb], tversavbitar[nn]».

tversavbiter[nb]

Se «hovtang[nb], hovtong[nn], tversavbiter[nb], tversavbitar[nn]».

tynnar[nn]

Se «tynner[nb], tynnar[nn]».

tynner[nb], tynnar[nn]

thinner (en) njárbbadas (se) förtunningsmedel (sv) ohennin (fi)

(nb): væske som tilsettes for å minske viskositeten

tyristor

thyristor (en) tyristor (se) tyristor (sv) tyristori (fi)

(nb): styrt halvlederlikeretter

tømrar[nn]

Se «tømrer[nb], tømrar[nn]».

tømrer[nb], tømrar[nn]

joiner, carpenter (en) huksejeaddji (se) timmerman (sv) puuseppä, kirvesmies (fi)

(nb): fagarbeidar som bygger hus

ubalanse

unbalance (en) dássehisvuohta (se) obalans (sv) epätasapaino (fi)

(nb): ustabilitet, manglende likevekt

ukvass

Se «sløv, skjemt, ukvass».

unbrakonøkkel

Se «sekskantnøkkel, utvendig nøkkel, unbrakonøkkel».

undertrykk

Se «lavtrykk[nb], lågtrykk, undertrykk».

union, kopling

union (en) lihtolaš, uniuvdna (se) koppling (sv) liitin (fi)

(nb): demonterbar tredelt rørdel for å skjøte rør uten å dreie røra

universalfresemaskin

universal milling machine (en) oppalašjursanmašiidna (se) universalfräsmaskin (sv) yleisjyrsinkone (fi)

(nb): fresemaskin som kan skiftes mellom vertikal og horisontal fresespindel

universalledd

universal joint (en) lášmeslađas (se) universalknut, kardanknut (sv) yleisnivel (fi)

(nb): ledd som kan vris i alle retninger

universaltang[nb]

Se «kombinasjonstang[nb], universaltang[nb], -tong[nn]».

uta(n)bords-[nn]

Se «påhengsmotor, utenbordsmotor[nb], uta(n)bords-[nn]».

utboringshode[nb], utboringshovud[nn]

boring head, drilling head (en) galljudanoaivi (se) arborrhuvud (sv) avarrusistukka, avarruspää (fi)

(nb): stillbart hode med dreiestål for utboring av sylindre i bormaskin eller fres

utboringshovud[nn]

Se «utboringshode[nb], utboringshovud[nn]».

ut-eining[nn]

Se «ut-enhet[nb], ut-eining[nn]».

utenbordsmotor[nb]

Se «påhengsmotor, utenbordsmotor[nb], uta(n)bords-[nn]».

ut-enhet[nb], ut-eining[nn]

output unit (en) olggosoassi (se) utenhet (sv)

(nb): enhet som fører informasjon ut av en datamaskin; eks. skjerm, skriver

utkraging, kraging

flanging, edge raising (en) ravdadeapmi, čeabetgalljideapmi (se) kragning (sv) venytys, laipoitus (fi)

(nb): utblokking av kant på rør

utmatting

fatigue (en) váibadahttin (se) utmattning (sv) väsyminen (fi)

(nb): svekking av materiale ved gjentatte påkjenninger

utslagar[nn]

Se «utslager[nb], utslagar[nn], borkile».

utslager[nb], utslagar[nn], borkile

ejector (en) luvvenlohti (se) utstötare (sv) irrotin, ulostyönnin, työntötuurna (fi)

(nb): reiskap til å slå morsekone hylser frå kvarandre

utveksling

gearing, transmission, exchange (en) molsa (se) utväxling (sv) välitys (fi)

(nb): endring av omdreiingstall; mekanisme som får til slik endring

utvendig nøkkel

Se «sekskantnøkkel, utvendig nøkkel, unbrakonøkkel».

vaier

wire (en) stállebáddi, stálletoavva (se) vajer, wire (sv) vaijeri (fi)

(nb): tau av tvinna ståltrådar

valse

Se «valsemaskin, valse».

valsemaskin, valse

rolling machine (en) ludnemašiidna, válsamašiidna (se) valsmaskin (sv) valssikone (fi)

(nb): maskin der man bøyer metallplater mellom tre valser; maskin for å valse ut metallplater

valseverk

rolling mill (en) válsadoaimmahat (se) valsverk (sv) valssilaitos, valssaamo, valssain (fi)

(nb): maskin eller fabrikk til arbeiding av metall med valsing

valsfres

cylindrical cutter, plain milling cutter (en) válsajurssan (se) valsfräs (sv) lieriöjyrsin (fi)

(nb): sylindrisk fres med skjær på omkretsen

vals, valse

cylinder, roll, roller, barrel (en) ludni, válsa (se) vals (sv) valssi (fi)

(nb): stålsylinder, trommel som roterer om tappar på kvar ende

vange

bed, lathe bed (en) stivrenbielka (se) prisma (sv) johde, runko, johteet (fi)

(nb): bærende og/eller styrende profilforma skinne, for eksempel på dreiebenk

vann(av)kjølt[nb], vass(av)kjølt[nn]

water cooled (en) čáhcečoaskuduvvon (se) vattenkyld (sv) vesijäähdytteinen (fi)

(nb): om motor: som har vann som kjølemiddel

vannpumpetang[nb], vasspumpetong[nn]

water pump pliers (en) čáhcebumpedoaŋggat (se) vattenpumptång (sv) vesipumppupihdit, moniotepihdit (fi)

(nb): tang med rifla kjeftar og trinnvis regulering

vannrett[nb], vassrett[nn], horisontal

horisontal, level (en) láskut, veallut (se) vågrät, horisontell (sv) vaakasuora (fi)

(nb): i same retning som vassyta, vinkelrett på loddlinja

vannutskiller[nb], vatnutskiljar[nn]

water separator (en) čáhcesirrehat (se) vattenavskiljare (sv) vedenerotin (fi)

(nb): beholder for utskilling av vann i trykkluftnettet

variator

variator (en) variáhtor (se) variator (sv) variaattori, muunnin (fi)

(nb): trinnlaust gir, ofte reimdreve

varmebehandling

heat treatment (en) báhkkagieđahallan (se) värmebehandling (sv) lämpökäsittely (fi)

(nb): oppvarming og avkjøling av stål for å endre dei fysiske eigenskapane

varmebestandig[nb]

Se «varmefast, varmebestandig[nb]».

varmefast, varmebestandig[nb]

heatproof, heat resistant (en) báhkkagierdevaš, báhkasgierdil (se) värmebeständig (sv) lämmönkestävä (fi)

(nb): egenskapen hos et fast stoff å tåle høy temperatur uten å endre struktur og form

varme opp, oppvarme

heat (en) báhkadit (se) värma, upphetta, uppvärma (sv) kuumentaa (fi)

(nb): auke temperaturen til noko ved ytre varmepåvirkning

varmeverdi

Se «brennverdi, varmeverdi».

varsellys

Se «blinklys, varsellys».

vass(av)kjølt[nn]

Se «vann(av)kjølt[nb], vass(av)kjølt[nn]».

vasspumpetong[nn]

Se «vannpumpetang[nb], vasspumpetong[nn]».

vassrett[nn]

Se «vannrett[nb], vassrett[nn], horisontal».

vaterpass

Se «vater, vaterpass».

vater, vaterpass

level, water level (en) čáhcečalbmi, váhttar (se) vattenpass (sv) vesivaaka (fi)

(nb): instrument til å syne vassrett plan

vatnutskiljar[nn]

Se «vannutskiller[nb], vatnutskiljar[nn]».

vedlikehald[nn]

Se «vedlikehold[nb], vedlikehald[nn], service».

vedlikehold[nb], vedlikehald[nn], service

maintenance, service (en) fuoladeapmi, fuolahus, bajásdoalahus (se) underhåll, skötsel, service (sv) kunnossapito, huolto (fi)

(nb): all virksomhet med formål å holde utstyr i tilfredsstillende driftsmessig stand

vedsag

Se «buesag[nb], bogesag[nn], vedsag».

veike

Se «veke[nb], veike».

veikesmørjing[nn]

Se «vekesmøring[nb], veikesmørjing[nn]».

veiv

Se «sveiv, veiv».

veivaksel

crankshaft (en) veiveáksil (se) vevaxel (sv) kampiakseli (fi)

(nb): aksel som tar imot stempelrørslene og omformar dei til rotasjon

veivhus, veivkasse

crankcase (en) veiveviessu, veivekássa (se) vevhus (sv) kampikammio (fi)

(nb): hus rundt veivene i forbrenningsmotor

veivkasse

Se «veivhus, veivkasse».

veivstang

Se «stempelstang, veivstang, -stong[nn], råde».

veivtapp

crank pin (en) veiveculci (se) vevtapp (sv) kammentappi (fi)

(nb): tappen som veivstonghovudet grip om mellom veivarmane

veke[nb], veike

wick (en) veaika (se) veke (sv) sydän (fi)

(nb): strimmel av tvinna eller vove garn som syg opp brennstoff eller smøreolje

vekesmøring[nb], veikesmørjing[nn]

wick lubrication (en) veaikavuoidan (se) veksmörjning (sv) sydänvoitelu (fi)

(nb): smøring der smøreolje blir trukke opp frå eit oljebad gjennom veike som går ned i olja

vekselstraum[nn]

Se «vekselstrøm, vekselstraum[nn]».

vekselstrøm, vekselstraum[nn]

alternating current (en) molssarávdnji (se) växelström (sv) vaihtovirta (fi)

(nb): elektrisk strøm som med korte mellomrom skiftar retning og styrke

veksle, gire

change gear, shift gear, alternate (en) molsut (se) växla (sv) vaihtaa (fi)

(nb): endre utvekslingsforholdet

vektstang[nb], vektstong[nn]

lever (en) veaktastággu (se) hävstång (sv) vipu (fi)

(nb): stang som er lagra om eit punkt

vektstong[nn]

Se «vektstang[nb], vektstong[nn]».

vendeskjer[nn]

Se «vendeskjær[nb], vendeskjer[nn]».

vendeskjær[nb], vendeskjer[nn]

indexable insert (en) gomuhanávju, dearrebihttá (se) vändskär (sv) vaihdettava kovametalliteräpala (fi)

(nb): utskiftbar hardmetallplate for dreiing eller fresing

vengemutter[nn]

Se «vingemutter[nb], vengemutter[nn]».

venstre-

Se «frasveising[nb], fråsveising[nn], med-, venstre-».

ventil

valve (en) ventiila (se) ventil (sv) venttiili (fi)

(nb): stengegreie for strøymande medium

ventilasjon

ventilation, venting, airing, aeration (en) áibmomolsun (se) ventilation (sv) ilmanvaihto (fi)

(nb): utskifting av luft i innelokale

ventilløftar[nn]

Se «ventilløfter[nb], ventilløftar[nn]».

ventilløfter[nb], ventilløftar[nn]

valve tappet (en) ventiilalovttan (se) ventillyftare (sv) venttiilinnostin (fi)

(nb): innretning til å løfte ventil slik at den er åpen for gjennomstrømning

ventilsete

valve seat (en) ventiilačohkkehat (se) ventilsäte (sv) venttiilin istukka (fi)

(nb): slipt sete i topplokk som ventilen tetter mot

-verknad[nn]

Se «kapillarvirkning[nb], hårrørs-, -verknad[nn]».

verknadsgrad[nn]

Se «virkningsgrad[nb], verknadsgrad[nn]».

verkstad[nn]

Se «verksted[nb], verkstad[nn]».

verksted[nb], verkstad[nn]

workshop (en) barggahat, divohat, dagahat (se) verkstad (sv) korjaamo (fi)

(nb): lokale der man lager og / eller reparerer utstyr

verkty[nn]

Se «verktøy, verkty[nn]».

verktøybane

tool path (en) neavvojohtolat (se) verktygsväg (sv)

(nb): den banen eit skjæreverktøy følger ved automatisk styrt bearbeiding

verktøyfeste

tool holder (en) neavvogiddehat (se) verktygshållare (sv) teränpidin (fi)

(nb): feste for skjæreverktøy i maskin

verktøykasse, verktøykiste

tool box (en) neavvobumbá, bargobumbá (se) verktygslåda (sv) työkalulaatikko, työkalupakki (fi)

(nb): kasse for oppbevaring av verktøy

verktøykiste

Se «verktøykasse, verktøykiste».

verktøymakar[nn]

Se «verktøymaker[nb], verktøymakar[nn]».

verktøymaker[nb], verktøymakar[nn]

toolmaker (en) neavvorávdi (se) verktygsmakare (sv) työkaluntekijä (fi)

(nb): fagarbeider som lager verktøy

verktøy, verkty[nn]

tool (en) bargoneavvu, reaidu (se) verktyg (sv) työkalu (fi)

(nb): spesialisert handreiskap

vernebriller

protective spectacles (en) sudjenláset (se) skyddsglasögon (sv) suojalasit (fi)

(nb): øyebeskyttelse med glass og skjermer

vernehjelm

protective helmet (en) sudjenjealbma (se) skyddshjälm (sv) suojakypärä (fi)

(nb): hjelm for vern mot slag og støt mot hodet under arbeid

verneombod[nn]

Se «verneombud[nb], verneombod[nn]».

verneombud[nb], verneombod[nn]

safety trustee (en) suodjalusáittardeaddji (se) skyddsombud (sv) työsuojeluasiamies (fi)

(nb): arbeidar som er vald til å ivareta arbeidarane sine interesser i arbeidsmiljøsaker

verneutstyr

protective equipment (en) sudjenneavvut (se) skyddsutrustning (sv) suoja-asu, suojavarusteet (fi)

(nb): utstyr for å verne arbeideren mot skader under arbeidet

vertikal

Se «loddrett, vertikal».

vibrasjon, sperring

vibration (en) sparaideapmi (se) vibration (sv) tärinä (fi)

(nb): mekaniske svingninger i faste legemer, ubalanse i dreiebenk og arbeidsstykke som fører til ujevn overflate

vibrere

vibrate (en) sparaidit (se) vibrera (sv) täryttää, täristä (fi)

(nb): være utsatt for mekaniske svingninger

vifte

fan (en) boson, vállu (se) fläkt (sv) puhallin, tuuletin (fi)

(nb): apparat med skovlhjul som syg / driv fram luft

viftereim

fan belt (en) bosonruopma, válloruopma (se) fläktrem (sv) tuulettimen hihna (fi)

(nb): drivreim for vifte i forbrenningsmotor

vikke

set (en) hirret, botnjat, vihkket (se) skränka (sv) harittaa (fi)

(nb): bøye sagbladtenner til side

vikle

wind, coil, spool, twist (en) giessat (se) linda (sv) käämiä (fi)

(nb): surre tråd opp på spole

vikling

winding, coiling (en) giesaldat, giesahat, giessu (se) rullning, lindning (sv) käämitys (fi)

(nb): et antall vindinger om en felles kjerne som danner en enkel strømkrets

vinding

turn (of a winding) (en) giesastat (se) lindningsvarv (sv) käämi, johdinkierros (fi)

(nb): grunnelement i en spole som består av en enkelt ledende sløyfe

vingemutter[nb], vengemutter[nn]

wing nut (en) soadjemuhtter (se) vingmutter (sv) siipimutteri (fi)

(nb): mutter med to vinger for å skru med handkraft

vinkel

angle (en) čiehka (se) vinkel (sv) kulma (fi)

(nb): forholdet mellom to retninger, måles i grader

vinkel

square, angle gauge, bevel protractor (en) viŋkil, čiehka (se) vinkel (sv) suorakulma (fi)

(nb): fast eller regulerbart verktøy til å måle opp vinkel

vinkelhake

Se «anslagsvinkel, ansatsvinkel, vinkelhake».

vinkeljern

angle iron, angle bar, corner iron (en) čiehkaruovdi (se) vinkeljärn (sv) kulmateräs (fi)

(nb): stålmateriale med tverrsnitt som rett vinkel

vinkelskrujern, vinkeltrekker[nb], vinkeltrekkjar[nn]

angle screwdriver, bent screwdriver (en) čiehkaskruvvaruovdi, roaŋkeskruvvaruovdi (se) vinkelskruvmejsel (sv) kulmaruuvitaltta (fi)

(nb): skrujern som er bøyd i rett vinkel i begge endar

vinkelslipar[nn]

Se «vinkelsliper[nb], vinkelslipar[nn]».

vinkelsliper[nb], vinkelslipar[nn]

angular grinder (en) čiehkašliipa, viŋkilšliipa (se) vinkelslipmaskin (sv) kulmahiomakone (fi)

(nb): slipemaskin der spindelen drivas via ein vinkelveksel så at utgåande spindel er vinkla mot motorakselen, vanligvis 90°

vinkeltransportør

semi-circular protractor (en) čiehkasirddan (se) vinkeltransportör (sv) yleiskulmamitta (fi)

(nb): reiskap for avlesing og merking av vinklar under teknisk teikning

vinkeltrekker[nb]

Se «vinkelskrujern, vinkeltrekker[nb], vinkeltrekkjar[nn]».

vinkeltrekkjar[nn]

Se «vinkelskrujern, vinkeltrekker[nb], vinkeltrekkjar[nn]».

vinsj, spill[nb], spel[nn]

winch (en) vinte, vinta (se) vinsch, spel (sv) vintturi, nosturi (fi)

(nb): innretning til å heise eller hale noko med

vippe

Se «hevarm, hevstang[nb], hevstong[nn], vippe».

vippearm

valve rocker, valve lever (en) sugadangiehta (se) vipparm (sv) venttiilinvipu (fi)

(nb): arm som styrer ventilrørslene ut i frå kamakslingen

virkningsgrad[nb], verknadsgrad[nn]

efficiency (en) váikkuhusmearri, doaibmanmearri (se) verkningsgrad (sv) hyötysuhde (fi)

(nb): forholdet mellom nytteenergi og forbrukt energi

visar[nn]

Se «viser[nb], visar[nn]».

viser[nb], visar[nn]

indicator (en) viisár (se) visare (sv) osoitin (fi)

(nb): pil eller nål som syner tid, retning, trykk osv.

viskositet

viscosity (en) viskositehta (se) viskositet (sv) viskositeetti (fi)

(nb): en væskes motstand mot å flyte, pga indre friksjon

vogn

wagon, carriage (en) vávdna (se) vagn (sv) vaunu (fi)

(nb): transportreiskap med overstell som kviler på minst ein aksling med hjul på kvar side

vrimoment

Se «dreiemoment, vrimoment».

væske

liquid (en) njalbi (se) vätska (sv) neste (fi)

(nb): flytande stoff (aggregattilstand)

ytterring

outer ring, outer race (en) olgoriekkis (se) ytterring (sv) laakerin ulkokehä (fi)

(nb): den ytre ringen på eit rullingslager

øks

axe (en) ákšu (se) yxa (sv) kirves (fi)

(nb): hoggereiskap med skaft

øksehammar[nn]

Se «knivrygg, øksehammer[nb], øksehammar[nn]».

øksehammer[nb]

Se «knivrygg, øksehammer[nb], øksehammar[nn]».

øreklokker, øyreklokker[nn]

earmuff (en) bealljegohput (se) hörselskyddskåpa (sv) korvakupit, korvakuvut (fi)

(nb): hørselvern som dekker det ytre øret

øreplugg

Se «ørepropp, øreplugg, øyre-[nn]».

ørepropp, øreplugg, øyre-[nn]

ear plug (en) bealljebunci (se) hörselskyddspropp, öronpropp (sv) korvatulppa (fi)

(nb): hørselvern til å putte inn i øret

øyebolt[nb], augebolt[nn]

eyebolt, eye bolt (en) čalbmeboaltu (se) ögleskruv, länkskruv, lyftögla (sv) silmukkaruuvi, nostosilmukka (fi)

(nb): bolt som øverst er bøyd som en ring, kan brukas til å løfte etter

øyreklokker[nn]

Se «øreklokker, øyreklokker[nn]».

øyre-[nn]

Se «ørepropp, øreplugg, øyre-[nn]».

åpen ringnøkkel[nb], open ringnøkkel[nn]

flare nut wrench, flare nut spanner (en) rabas nástečoavdda, rabas gierdočoavdda (se) öppen ringnyckel (sv) avolenkkiavain (fi)

(nb): skrunøkkel med indre stjerneform og opning mindre enn nøkkelvidda

Register

C

D

E

F

G

H

K

N

O

S

T

U

V

W

Y

Z

Æ

Ø

Å

www.ingramcontent.com/pod-product-compliance
Ingram Content Group UK Ltd.
Pitfield, Milton Keynes, MK11 3LW, UK
UKHW021522300726
14060UKWH00012B/610

9 788293 828129